2021年度
中国林业和草原发展报告

2021 China Forestry and Grassland Development Report

国家林业和草原局

中国林业出版社

《2021年度中国林业和草原发展报告》
编辑委员会

主　任　关志鸥

副主任　张永利　刘东生　李树铭　李春良　谭光明　胡章翠　王海忠
　　　　　闫　振

委　员　（以姓氏笔画为序）

丁晓华　王月华　王永海　王志高　王春峰　田勇臣　付建全
冯德乾　刘　璨　刘树人　刘韶辉　许新桥　孙国吉　孙嘉伟
李　冰　李金华　杨万利　吴志民　吴柏海　张　炜　张志忠
张利明　周鸿升　赵海平　郝育军　郝学峰　郝雁玲　胡元辉
费本华　敖安强　夏　军　徐济德　高红电　唐芳林　黄采艺
黄祥云　菅宁红　程　红

编写组

组　长　陈嘉文　袁继明

副组长　刘建杰　石　敏

成　员　付　丽　唐肖彬　林　琳　曹露聪　胡明形　柯水发　李　杰
　　　　　刘　珉　谷振宾　夏郁芳　张　鑫　王佳男　苗　垠　赵海兰
　　　　　纪　元　赵东泉　孟　觉　徐骁巍　王冠聪　张一诺　江天法
　　　　　温战强　贾　恒　孙　友　李世峰　李新华　吴红军　王晓燕
　　　　　范晓棠　冯峻极　罗　雪　张雅鸽　赵庆超　韩登媛　李鸿军
　　　　　杨玉林　汪国中　李瑞林　夏恩龙　彭　鹏　陈光清　于百川
　　　　　徐旺明　荆　涛　伍祖祎　孔　卓　李成钢　张　棚　曾德梁
　　　　　朱介石　姜喜麟　徐信俭　周　琼　张美芬　俞　斌　肖　昉
　　　　　韩　非　富玫妹　郭　伟　张　凯　徐宏伟　李俊恺　莫　磊
　　　　　程宝栋　李　屹　解炜炜　王　佳　钟松峰　曲　佳　吴　昊
　　　　　张　媛　吕兵伟　郝　爽　刘正祥　张丽媛　刘泽世　马一博
　　　　　赵陟峰　刘　博　王　博　王文利　陈敬国

为加强生物多样性保护，中国正加快构建以国家公园为主体的自然保护地体系，逐步把自然生态系统最重要、自然景观最独特、自然遗产最精华、生物多样性最富集的区域纳入国家公园体系。中国正式设立三江源、大熊猫、东北虎豹、海南热带雨林、武夷山等第一批国家公园，保护面积达23万平方公里，涵盖近30%的陆域国家重点保护野生动植物种类。同时，本着统筹就地保护与迁地保护相结合的原则，启动北京、广州等国家植物园体系建设。

——习近平主席二〇二一年十月十二日在《生物多样性公约》第十五次缔约方大会领导人峰会发表题为《共同构建地球生命共同体》的主旨讲话

要提升生态系统质量和稳定性，坚持系统观念，从生态系统整体性出发，推进山水林田湖草沙一体化保护和修复，更加注重综合治理、系统治理、源头治理。要加快构建以国家公园为主体的自然保护地体系，完善自然保护地、生态保护红线监管制度。要科学推进荒漠化、石漠化、水土流失综合治理，开展大规模国土绿化行动。要推行草原森林河流湖泊休养生息，实施好长江十年禁渔，健全耕地休耕轮作制度。要实施生物多样性保护重大工程，强化外来物种管控，举办好《生物多样性公约》第十五次缔约方大会。

——习近平总书记二〇二一年四月三十日在中共中央政治局第二十九次集体学习时的讲话

今年是全民义务植树开展四十周年。四十年来，全国各族人民齐心协力、锲而不舍，祖国大地绿色越来越多，城乡人居环境越来越美，成为全球森林资源增长最多的国家。同时，我们也要清醒看到，同建设美丽中国的目标相比，同人民对美好生活的新期待相比，我国林草资源总量不足、质量不高问题仍然突出，必须持续用力、久久为功。

生态文明建设是新时代中国特色社会主义的一个重要特征。加强生态文明建设，是贯彻新发展理念、推动经济社会高质量发展的必然要求，也是人民群众追求高品质生活的共识和呼声。中华民族历来讲求人与自然和谐发展，中华文明积累了丰富的生态文明思想。新发展阶段对生态文明建设提出了更高要求，必须下大气力推动绿色发展，努力引领世界发展潮流。我们要牢固树立绿水青山就是金山银山理念，坚定不移走生态优先、绿色发展之路，增加森林面积、提高森林质量，提升生态系统碳汇增量，为实现我国碳达峰碳中和目标、维护全球生态安全作出更大贡献。

——习近平总书记二〇二一年四月二日在参加首都义务植树活动时的讲话

目 录

摘要　1

国土绿化　9

以国家公园为主体的自然保护地体系建设　15

资源保护　23

灾害防控　31

制度与改革　37

投资融资　41

产业发展　47

产品市场　53

生态公共服务　77

政策与措施　83

法治建设　95

区域发展　101

支撑保障　113

开放合作　123

专栏目录

专栏1	科学绿化推动造林任务落地上图	11
专栏2	《全国重要生态系统保护和修复重大工程总体规划（2021—2035年）》	13
专栏3	第一批国家公园基本情况	16
专栏4	第44届世界遗产大会	21
专栏5	内蒙古自治区多措并举监管禁牧和草畜平衡	26
专栏6	国家重点保护野生动植物名录调整情况	28
专栏7	国务院批复同意在北京设立国家植物园	29
专栏8	全国林草生态综合监测评价工作情况	29
专栏9	松材线虫病防治情况	33
专栏10	林业草原金融创新	45
专栏11	妥善处置北移象群事件 生动讲好人与自然和谐相生的中国故事	80
专栏12	贵州省助推生态保护和巩固脱贫成果"双赢"	89
专栏13	《"十四五"林业草原保护发展规划纲要》解读	92
专栏14	《中华人民共和国湿地保护法》解读	96
专栏15	4个定点县巩固脱贫成果与乡村振兴开局情况	108
专栏16	安徽省积极赋能种苗交易平台新思路	115
专栏17	竹藤实用技术培训助力林农致富	118
专栏18	林草生态网络感知系统建设	120
专栏19	探索启动林草生态产品价值实现机制试点	122
专栏20	《生物多样性公约》第十五次缔约方大会情况	126

摘 要

摘 要

2021年，林草系统坚持以习近平新时代中国特色社会主义思想为指导，深入贯彻落实党中央、国务院决策部署，认真践行习近平生态文明思想，牢固树立绿水青山就是金山银山理念，统筹推进山水林田湖草沙一体化保护和系统治理，聚焦重点、合力攻坚，全面推动林草工作高质量发展，各项重点工作均取得阶段性成果，"十四五"实现良好开局。

1. 大规模国土绿化扎实推进

2021年，首次实行年度造林任务"直达到县、落地上图"精细化管理。全年共完成造林面积375.44万公顷，超计划完成15万公顷。其中，封山育林面积近10年来首次超过人工造林面积。全年共完成森林抚育面积642.21万公顷。其中，天然林保护修复、公益林建设、后备森林资源培育项目顺利实施，完成森林抚育面积113.33万公顷。全年共完成种草改良面积329.49万公顷，超计划完成7.51%。其中，人工种草面积131.36万公顷，草原改良面积198.13万公顷。安排中央财政湿地保护与恢复项目89个，湿地生态效益补偿项目29个，实施湿地保护修复重大工程项目15个。北方12个省（自治区）和新疆生产建设兵团完成年度防沙治沙任务140万公顷，西南8个省（自治区、直辖市）完成石漠化防治任务33万公顷。截至2021年，开展国家森林城市建设的城市达482个，193个城市被授予国家森林城市称号。其中，2021年新增创建城市43个。全民义务植树历经40年，开展形式更为多元，完成全民义务植树网改版升级、全民义务植树微信公众号优化完善。

2. 以国家公园为主体的自然保护地体系建设取得重要突破

2021年，会同11个部门和12个试点省（自治区）全面梳理总结了我国国家公园在自然生态系统保护、管理体制机制、保护与发

摘 要

展等方面的成效和经验，圆满完成国家公园体制试点。正式设立三江源、大熊猫、东北虎豹、海南热带雨林、武夷山等第一批国家公园。分别与第一批国家公园涉及的10个省（自治区）建立局省联席会议机制，下设协调推进组，合力推进国家公园建设。国务院批复同意在北京设立国家植物园。完成全国自然保护地整合优化预案编制工作。1个国家级自然保护区功能区调整，20个国家级自然保护区总体规划获批；41个国家级森林公园总体规划审查完成；30个国家草原自然公园总体规划通过省级评审；44个国家湿地公园试点通过验收，国家沙漠（石漠）公园开展优化调整；8个国家级风景名胜区总体规划审核完成。第44届世界遗产大会在福建省福州市举办。

3. 资源保护管理成效显著

2021年，全国省、市、县、乡、村各级林长体系已逐步建立。林草法治建设进一步强化，全国人民代表大会常务委员会审议通过《中华人民共和国湿地保护法》《全国人民代表大会常务委员会关于修改〈中华人民共和国种子法〉的决定》，继续推进《中华人民共和国野生动物保护法》《中华人民共和国国家公园法》《中华人民共和国森林法实施条例》《中华人民共和国自然保护区条例》《中华人民共和国风景名胜区条例》等法律法规制修订。深入贯彻行政审批改革，共发布规范性文件6件。全年共发生林草行政案件9.59万起，查结9.05万起，受理行政许可1575件，办理行政复议案件12件，行政诉讼案件18件。审核审批使用林地建设项目6.42万项；选定70个单位开展森林经营任务落地上图试点；违法违规占用林地面积、采伐林木蓄积量连续3年下降。第二次全国古树名木资源普查完成，普查范围内的古树名木共计508.19万株。草原保护修复制度体系不断完善，草原征占用管理和第三轮草原补奖工作继续推动。推进湿地保护修复制度建设、调查监测、监督管理、名录发布、保护宣教等工作。完成第六次全国荒漠化和沙化调查。推进重点物种

摘　要

资源调查和保护规划编制工作，调整发布《国家重点保护野生动物名录》《国家重点保护野生植物名录》，大熊猫、海南长臂猿、穿山甲、朱鹮、绿孔雀、兰科植物、苏铁等濒危野生动植物拯救保护成效显著。强化森林草原防火督导检查，实行全覆盖包片蹲点指导。全国共发生森林火灾616起，受害森林面积4456.6公顷，因灾伤亡28人，森林火灾次数、受害面积、因灾伤亡人数分别比2020年下降47%、48%、32%。全国共发生草原火灾23起，受害面积4199公顷，与2020年相比，草原火灾次数增加10起，但受害面积下降62%。松材线虫病发生面积和病死树数量实现"双下降"，美国白蛾应急处置成效明显，常发性有害生物得到持续控制，未形成大的灾害。草原虫害、有害植物整体轻度危害，但草原鼠害危害面积居高不下。科学应对野生动物疫情21起，有效阻断了疫病扩散传播。开展14个省（自治区）野猪危害防控综合试点。完成森林、草原、湿地生态系统外来入侵物种普查试点。继续加强森林草原安全生产防控。

4. 林草产业稳定增长

2021年，全国林草产业产值达8.73万亿元，其中，林业产业总产值8.68万亿元，草产业总产值为578.42亿元，分别比2020年增长6.88%、6.57%。林业产业产值结构保持稳定，由2020年的32∶45∶23调整为31∶45∶24。木材、竹材、锯材、人造板等木质林产品产量均比2020年有所增长，增长最多的为木材产量，达到12.99%。各类经济林产品产量首次突破2亿吨，同比增长3.79%。茶油产量88.94万吨。林下经济经营和利用林地面积超过0.4亿公顷，总产值稳定在1万亿元左右。全年林草旅游与休闲达32.89亿人次，比2020年增加1.21亿人次。林产品进出口快速增长，木材产品供求小幅扩大、对外依存度明显降低，木材产品进出口价格水平大幅上涨。林产品出口921.56亿美元，比2020年增长20.51%，占全国商品出口额的2.74%；林产品进口928.80亿美元，比2020年增长

摘 要

25.10%，占全国商品进口额的3.46%。木材产品市场总供给和总消费均为56648.65万立方米，分别比2020年增长2.08%。木材产品总体出口价格水平和进口价格水平分别上涨9.78%和23.35%。草产品以进口为主，进口9.27亿美元，比2020年增长28.75%。

5. 林草重点改革持续深化

2021年，重点国有林区各森工（林业）集团结合企业发展实际，加强对林区社会发展的投入和支持，强化森林资源经营，实现政企分开，实施管理机构瘦身，统筹医疗保障。国有林场深化改革试点启动，确定浙江省金华市东方红林场等3家国有林场为深化改革试点单位，支持塞罕坝机械林场"二次创业"。推进国有林场管护用房建设试点，共新建和改建管护用房402处。深化集体林权制度改革，全国新型林业经营主体总数超过29.47万个，年末实有林地经营权流转面积0.12亿公顷，林权抵押贷款余额880多亿元。

国家出台科学绿化、生态保护修复、巩固脱贫成果、资金项目管理等多项林草政策，编制印发《"十四五"林业草原保护发展规划纲要》《关于科学绿化的指导意见》《关于加强草原保护修复的若干意见》《关于鼓励和支持社会资本参与生态保护修复的意见》《关于实现巩固拓展生态脱贫成果同乡村振兴有效衔接的意见》《重点区域生态保护和修复中央预算内投资专项管理办法》《林业草原生态保护恢复资金管理办法》等文件。全国林草投资完成额4169.98亿元，其中，用于生态修复治理投资占全国林草投资完成额的51.20%。

6. 林草服务区域发展战略能力不断提升

2021年，林草业继续服务和融入国家发展战略。配合相关部门印发《"十四五"长江经济带发展规划实施方案》《关于全面推动长江经济带发展财税支持政策的方案》。组织编制《"十四五"黄河流域湿地保护和修复实施方案》，配合相关部门编制《黄河流域生态环境保护专项规划》。推动华北五省（自治区、直辖市）森林草原防火联防联控，进一步提高冬奥赛区及周边森林草原火灾综合防控能力。支持京津冀地区开展湿地保护修复，修复退化湿地面积2722公顷。为促进中国与"一带一路"沿线国家和地区的经贸投资交流合作，第五届中国-阿拉伯国家博览会在宁夏银川市开幕。传统区划下，东部地区为全国林业产业产值最高的区域，林业产业产值占全国的40.34%。中部地区油茶产业持续向好发展，油茶产业产值占全国的68.18%。西部地区为草业发展重点区域，种草改良面积、草产业产值分别占全国的93.23%、91.32%。东北地区为林草系统从业人员和在岗职工人数最多的区域，分别为31.62万人和31.17万人，各占全国的36.10%和38.45%。

7. 支撑保障能力持续增强

2021年，全国共生产林木种子1634万千克。良种基地1037个，其中，国家重点良种基地294个。遴选出800多项林草科研成果进入国家林业和草原局科技成果储备库，入库总数达到11600多项。发布54项推荐性国家标准、54项林业行业标准和10项林业行业标准外文版。授予植物新品种权761件，发布植物新品种公告15批。171个单位被命名为第五批全国林草科普基地，新增128个全国生态文化村。林草研究生教育毕业生人数比上一学年增加13706人。构建林草生态网络感知系统数据库，接入林草生态综合监测等16个局内业务系统，接入云南亚洲象预警监测等10个地方业务系统，优化林草防火预警系统，建设松材线虫病疫情防控监管平台等重点业务应用模块。林业工作站指导扶持乡村林场19345个，共有3220个乡（镇）林业工作站加挂乡镇林长办公室牌子。

8. 林草宣传和对外合作交流深入开展

2021年，林草宣传成效显著。全球180多个国家和地区3000家以上媒体对妥善处置北移象群事件进行报道，社交平台点击量超过110亿次。联合中央电视台直播超百期品牌栏目《秘境之眼》，协

摘 要

助摄制的纪录片《国家公园：野生动物王国》在全球100多个国家和地区播出。中央主流媒体对林草领域报道量超8万条，新媒体短视频浏览量近3.4亿次，同比实现倍增。全年共出版林草图书676种。在政府间林草合作方面，主办"第三次中国–中东欧国家林业合作高级别会议"，发布《中国–中东欧国家关于林业生物经济合作的北京声明》，召开中蒙林业工作组荒漠化防治专题会议，与新加坡国家公园局签署《关于自然保护的谅解备忘录》。在区域和双边政府间林草合作方面，制定《中国–中东欧国家林业产业合作指南》，推动亚太经合组织（APEC）框架下林业交流与合作，组织召开中欧森林执法与治理双边协调机制（BCM）第11次会议，与多国召开林业合作专题会。在民间合作与交流方面，与境外非政府组织新开展林草合作项目166个。《濒危野生动植物种国际贸易公约》等公约履行工作成果丰富。

B
P9-14

国土绿化

- 造林绿化
- 种草改良
- 林草应对气候变化

国土绿化

2021年,统筹山水林田湖草沙系统治理,扎实推进大规模国土绿化。

(一)造林绿化

全年共完成造林面积375.44万公顷,超计划15万公顷(图1)。山西、陕西、内蒙古和江西4个省(自治区)造林面积超25万公顷,占全国造林面积的31.77%。山西省造林面积居全国首位,面积达33.88万公顷。

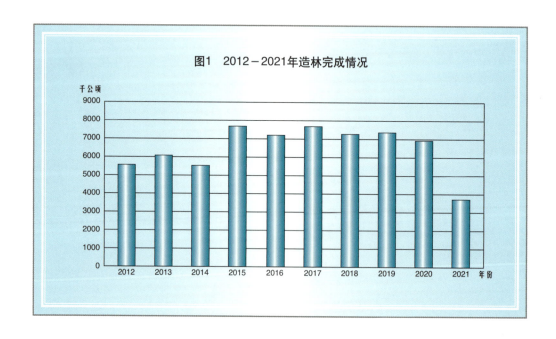

图1 2012—2021年造林完成情况

1. 造林方式

全年完成封山(沙)育林123.51万公顷,占全国造林面积的32.90%,封山育林面积自十八大以来,首次超越人工造林面积。人工造林、退化林修复、人工更新和飞播造林面积分别为108.51万公顷、101.13万公顷、25.06万公顷和17.22万公顷(图2)。

人工造林 全年完成人工造林面积占全国造林面积的28.90%。山西省人工造林面积最大,占人工造林面积的20.25%。

飞播造林 7个省(自治区、直辖市)开展了飞播造林,占全国造林面积的4.59%。西藏、陕西2个省(自治区)占全国飞播造林面积的53.31%。陕西省飞播造林面积最大,为5.29万公顷,占全国飞播造林面积的30.72%。

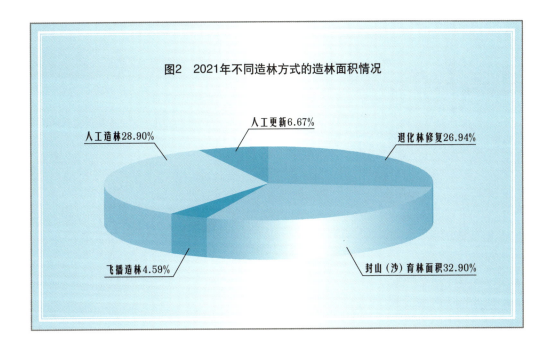

图2　2021年不同造林方式的造林面积情况

封山（沙）育林　封山（沙）育林面积占全国造林面积32.90%。山西、内蒙古、江西、湖北、四川、云南、陕西和新疆等8个省（自治区）封育面积均超6万公顷，占全国封山（沙）育林面积的62.93%。陕西省封山育林面积为全国最大，占全国封山（沙）育林面积的14.70%。

退化林修复和人工更新　退化林修复和人工更新分别占全国造林面积的26.94%和6.67%。江西省和广西壮族自治区退化林修复面积分别居全国第一和第二，占全国退化林修复面积的22.31%。广西壮族自治区人工更新面积最大，占全国人工更新面积的20.62%。

专栏1　科学绿化推动造林任务落地上图

首次实行年度造林任务"直达到县、落地上图"精细化管理，印发《造林绿化落地上图工作方案》，会同自然资源部制定《造林绿化落地上图技术规范（试行）》，明确工作步骤和工作要求。建立了国家、省、市、县四级联动管理体系，覆盖全国县级以上造林单位3880个，构建了以一张底图、一项规范、一套系统、一个应用为主要内容的造林绿化落地上图技术体系。

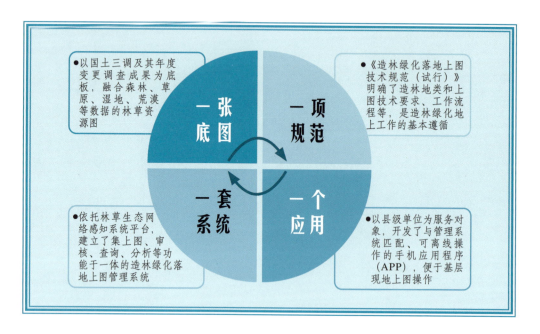

2. 储备林建设

建设国家储备林40.53万公顷，其中，集约人工林新造13.14万公顷，现有林改培10.75万公顷，森林抚育16.64万公顷。截至2021年，全国储备林建设面积570.03万公顷。

3. 义务植树

组织推动 习近平总书记4月2日同首都群众一起参加义务植树活动，并就义务植树与国土绿化工作作出重要批示。全国政协召开"全民义务植树行动的优化提升"网络议政远程协商会，汪洋主席出席大会并作重要讲话。全国人大、全国政协、中央军委分别开展"全国人大机关义务植树""全国政协机关义务植树""百名将军义务植树"活动。全国绿化委员会组织开展第20次共和国部长义务植树活动。31个省（自治区、直辖市）和新疆生产建设兵团领导以不同方式参加义务植树。

互联网+全民义务植树 开展全民义务植树40周年系列活动，完成全民义务植树网改版升级、全民义务植树微信公众号优化完善和全民义务植树手机应用系统开发设计。启动了《国务院关于开展全民义务植树运动的实施办法》修订工作。

科普宣教 发布《2020年国土绿化状况公报》，在主流媒体刊发植树节访谈文章，发送义务植树40周年公益短信，在"学习强国"上线义务植树专项答题，在新闻联播、朝闻天下等节目播发义务植树和国土绿化成效，制作义务植树宣传短片、海报、展览。

地方举措 北京市推出8大类37种义务植树尽责方式。黑龙江省发布网络捐款项目、举办树木认养活动等。上海市举办第七届市民绿化节。浙江省组织开展"千校万人同栽千万棵树"等主题活动。福建省线上推出43个劳动尽责活动。重庆市推出《春季义务植树地图》。吉林、江苏、海南、四川、贵州、西藏、陕西、甘肃、新疆等地开展植纪念林活动和义务植树基地建设。

4. 部门绿化

中央直属机关组织干部职工义务植树16万余株（含折算）；中央国家机关组织干部职工义务植树11.8万余株（含折算）；交通运输系统新增公路绿化里程21万公里；国铁集团新增铁路绿化里程4208公里；水利系统新增水土流失治理面积6.2万平方公里；中央军委后勤保障部开展营区植树、海防林建设等绿化活动；住房城乡建设部积极开展园林城市建设；全国工会系统干部职工义务植树1000余万株（含折算）；共青团组织开展国土绿化实践活动2.6万场、青少年生态文明宣传教育活动近9.9万次；妇联组织开展"美丽庭院"建设，带动各地1000余万户家庭参与庭院绿化美化；中国石油组织41.4万人次实地植树199.45万株；中国石化义务植树200万余株（含折算）；全国冶金系统绿化投资近30亿元开展企业绿化、矿山复垦行动。

（二）种草改良

种草绿化 全年完成种草改良面积329.49万公顷，超计划完成7.51%。其中，人工种草面积131.36万公顷，草原改良面积198.13万公顷。积极推广免耕补播技术，扩大试点规模，促进草原科学修复，全年补播种草占总种草面积的28.78%。

工程增绿 推进草原重点生态工程建设，完成人工种草面积20.93万公顷，草原改良面积60.73万公顷，围栏封育面积53.97万公顷。同时，提高草原生态修复工程中草原生态修复建设标准，草原围栏、人工种草、草原改良等建设标准均增长50%。监测结果显示，与非工程区相比，工程区内草原植被盖度高7.1个百分点，草群平均高度高7.12厘米，单位面积鲜草产量高4891.23千克/公顷。

专栏2 《全国重要生态系统保护和修复重大工程总体规划（2021—2035年）》

2020年6月，经中央全面深化改革委员会第十三次会议审议通过，国家发展和改革委员会、自然资源部联合印发了《全国重要生态系统保护和修复重大工程总体规划（2021—2035年）》（以下简称《规划》）。这是党的十九大以来，国家层面出台的第一个生态保护和修复领域综合性

> 规划。《规划》对全国重要生态系统保护和修复重大工程作了系统规划，将重大工程重点布局在青藏高原生态屏障区、黄河重点生态区、长江重点生态区、东北森林带、北方防沙带、南方丘陵山地带、海岸带等"三区四带"，提出了青藏高原生态屏障区等7大区域生态保护和修复工程，以及自然保护地及野生动植物保护、生态保护和修复支撑体系等2项单项工程，明确了各项重大工程的建设思路、主要任务和重点指标。

（三）林草应对气候变化

组织管理 调整充实林草应对气候变化工作领导小组，成立国家林业和草原局应对气候变化专家咨询委员会，为碳达峰碳中和工作的推进提供坚实组织保障。编制《生态系统碳汇能力巩固提升实施方案（2021—2030年）》《实现2030年森林蓄积量目标实施方案》《林业和草原碳汇行动方案（2021—2030年）》，明确生态系统碳汇能力巩固提升的实施路径；配合国家发展和改革委员会完成《贯彻新发展理念做好碳达峰碳中和工作的意见》《碳达峰碳中和"1+N"制度体系建设方案》《碳达峰碳中和工作领导小组工作规则》和《碳达峰碳中和工作领导小组办公室工作规则》的制定。

计量监测 完成第二次（2016年）全国林草碳储量和碳汇量测算，编制《第二次全国林业碳汇计量监测主要结果报告》，组织对报告中的数据、方法和主要结果等进行了咨询并形成专家论证。开展第三次全国林草碳汇计量监测，并编制《2020年全国林草碳汇计量分析主要结果报告》。

战略研究 设立"林草碳中和愿景实现目标战略研究"年度重点课题，开展森林生态系统碳汇能力及对策、林草碳汇计量监测技术与方法集成、林草碳汇产品价值实现机制、碳中和木竹替代可行性四个方面的政策与技术研究。科学评估森林生态系统增汇潜力，提出有效的增汇措施；进一步优化林草碳汇计量监测体系。探索建立林草碳汇价值实现机制；研究木竹替代在碳中和中的贡献和潜力。

合作交流 推动政企合作交流，分别与中国科学技术协会和中国石化在林草科技创新、生态文明科普教育及林草碳汇功能提升等方面签订战略合作协议。推动与国家开发银行签订服务"碳达峰、碳中和"战略合作协议，与中国建设银行、中国建筑集团对接，推进合作，助力双碳目标如期实现。

以国家公园为主体的自然保护地体系建设

- 国家公园
- 自然保护区
- 自然公园
- 其他

以国家公园为主体的自然保护地体系建设

2021年，积极推进自然保护地科学化、规范化保护管理转型，以国家公园为主体的自然保护地体系建设取得重要突破。

（一）国家公园

试点总结 依据国家公园体制试点第三方评估验收成果，组织完成国家公园体制试点总结工作。会同11个部门和12个试点省（自治区）全面梳理总结了我国国家公园在自然生态系统保护、管理体制机制、保护与发展等方面的成效和经验，形成了《国家公园体制试点工作总结报告》。

批复设立 国务院分别批复同意设立三江源国家公园、大熊猫国家公园、东北虎豹国家公园、海南热带雨林国家公园和武夷山国家公园等5个国家公园。并同意5个国家公园的设立方案，由国家林业和草原局会同相关部门和地方政府组织实施。

专栏3 第一批国家公园基本情况

2021年10月12日，习近平主席在《生物多样性公约》第十五次缔约方大会领导人峰会上宣布，中国正式设立三江源、大熊猫、东北虎豹、海南热带雨林、武夷山等第一批国家公园，保护面积达23万平方公里，涵盖近30%的陆域国家重点保护野生动植物种类。

三江源国家公园地处青藏高原腹地，总面积19.07万平方公里，是现今我国面积最大的国家公园。它是长江、黄河、澜沧江的发源地，被誉为"中华水塔"，是高寒生物种质资源库，分布有雪豹、藏羚羊、白唇鹿、野牦牛、藏野驴、黑颈鹤等珍稀保护物种，是地球第三极青藏高原高寒生态系统大尺度保护的典范。

大熊猫国家公园跨四川、陕西和甘肃三省，总面积2.2万平方公里，是我国野生大熊猫繁衍生息的重要家园。分布有金钱豹、雪豹、川金丝猴、林麝、羚牛、红豆杉、珙桐等多种珍稀濒危野生动植物，属于全球生物多样性热点区之一。

东北虎豹国家公园跨吉林、黑龙江两省，与俄罗斯联邦、朝鲜民主主义人民共和国毗邻，总面积1.41万平方公里，是野生东北虎、东北豹最主要的活动区域，分布有我国境内规模最大且唯一具有繁殖家族的野生东北虎、东北豹种群。

> 海南热带雨林国家公园位于海南岛中部，总面积4269平方公里。海南热带雨林是我国分布最集中、类型最多样、保存最完好、连片面积最大的大陆性岛屿型热带雨林，是热带生物多样性和遗传资源的宝库，是全球生物多样性热点地区之一，也是全球最濒危的灵长类动物——海南长臂猿唯一的分布地。
>
> 武夷山国家公园跨福建、江西两省，总面积1280平方公里。武夷山拥有世界同纬度最典型的中亚热带原生性森林生态系统，是我国东南部的动植物宝库，世界著名的生物模式标本产地。

协调机制 分别与第一批国家公园涉及的10个省（自治区）建立局省联席会议机制，下设协调推进组，合力推进国家公园建设。与10个相关省（自治区）政府"一对一"召开第一批5个国家公园建设管理工作推进会，细化落实国务院批复的各项任务，协调推动国家公园总体规划修编、勘界立标、生态系统保护修复、区域协调发展、监测监管、社会参与等工作。

制度体系 配合国家发展和改革委员会出台《国家公园基础设施建设项目指南（试行）》。印发《关于加强第一批国家公园保护管理工作的通知》；研究起草《国家公园管理暂行办法》。对接全国国土空间规划和生态保护红线评估成果，修改完善《国家公园空间布局方案》。

支持保障 组建国家公园（自然保护地）发展中心。协调财政部通过国家公园补助进一步加大投入力度。统筹做好"十四五"时期文化保护传承利用工程中央预算内投资项目储备。与中国科学院共建国家公园研究院。

创建工作 对接全国国土空间规划和生态保护红线评估成果开展国家公园创建工作。在征求自然资源部、国家发展和改革委员会等有关部门意见后，以国家公园管理局名义函复山东、辽宁、广东、陕西等4个省，同意在黄河口、辽河口、南岭、秦岭开展国家公园创建工作。

管理体制 会同有关省（自治区）推进国家公园管理机构设置工作。协调中央机构编制委员会办公室和自然资源部，推动落实国家公园派驻监督事宜，构建统一、规范、高效的国家公园管理体制。按照中央机构编制委员会办公室有关文件和国务院的批复要求，会同相关省（自治区）初步提出5个国家公园管理机构设置方案。

保护修复 国家公园持续开展山水林田湖草沙综合治理等生态保护修复工作。其中，三江源国家公园重点实施黑土滩治理、退化草场改良、荒漠生态系统防治、湿地和雪山冰川保护、草原有害生物防控、雪豹及栖息地保护等项目。大熊猫国家公园四川片区恢复栖息地植被、新建主食竹基地、建设大熊猫廊道等，共计0.56万公顷。海南热带雨林国家公园稳步推进海南长臂猿栖息地及周边热带雨林生态修复研究、长臂猿栖息地质量和E群生态廊道评估工作，组建海南长臂猿专职监测队伍，开展海南长臂猿大调查。

自然资源资产管理 探索推进全民所有自然资源资产所有权委托代理机制，国家公园均起草编制了全民所有自然资源资产所有权委托代理机制试点实施方案。三江源国家公园编制《三江源生态价值评估研究》并通过专家咨询审查，配合开展自然资源管理及执法监察工作，配合青海省统计局编制完成《三江源国家公园自然资源资产负债表》。东北虎豹国家公园加强本底调查制度建设，进一步修改完善《自然资源调查管理办法（送审稿）》等6个制度办法，制订《自然资源资产负债表编制工作方案》。

监督管理 国家公园开展生态环境保护专项执法、巡山清套、野生动物保护专项整治、护林防火、病虫害防治等工作。其中，海南热带雨林国家公园42项行政执法职能，以海南省人民政府令的形式，授权省森林公安局及所属机构履行。大熊猫国家公园四川片区发挥全国首个大熊猫保护生态检察官团队职能，开展综合执法试点探索。大熊猫国家公园甘肃片区组织开展违法违规地类变化图斑核查工作，开展专项打击行动和跨区域联合执法行动，依法查处违法行为。东北虎豹国家公园启动2021—2022年"清山清套暨打击乱捕滥猎和非法种植养殖"专项行动，开展森林防灭火检查，加强园区内松材线虫病疫情监测。福建、江西两省协同推进武夷山国家公园保护管理工作，成立闽赣两省武夷山联合保护委员会，抓好森林防火、松材线虫病防控和野生动植物保护等日常工作。

宣传工作 会同国务院新闻办公室举办国家公园专场新闻发布会，举办国家公园标准专题新闻发布会。围绕第一批国家公园设立时间节点，对接《人民日报》、新华社、中央电视台等主流媒体，宣传报道"第一批国家公园正式设立"。

社区共建共享 国家公园推进特色转型发展，实施东北虎豹国家公园示范村屯建设等一批民生项目，按照抵边村屯"一户一岗"设置生态公益岗。印发《东北虎豹国家公园野生动物造成损失补偿办法》，补偿资金由中央财政资金全额支付。三江源国家公园稳妥开展野生动物和家畜争食草场补偿工作，解决"人兽冲突"问题，推进野生动物致害责任保险理赔机制试点工作。武夷山国家公园福建片区完善生态补偿机制，创新实施毛竹林地役权管理、重点区位商品林赎买、集体山林森林景观补偿机制，引导茶企、茶农高标准建设生态茶园示范基地。

（二）自然保护区

截至2021年，我国共有自然保护区2676个。其中，国家级自然保护区474个。

功能区调整、规划批复 批复宁夏中卫沙坡头国家级自然保护区功能区调整方案；批复江西九连山等20处国家级自然保护区总体规划。

协调共建 争取社会力量支持自然保护区建设，协调中国海油海洋环境与生态保护公益基金会支持在云南会泽黑颈鹤和广东珠江口中华白海豚国家级自然保护区开展电子围栏试点工作，协调中国长江三峡集团、亚洲开发银行和全球环境基金投入8000多万元支持长江上游珍稀特有鱼类国家级自然保护区调查监测、规划编制、生态保护修复等工作。

（三）自然公园

截至2021年，我国共有自然公园6553个。其中，国家级自然公园2561个。

1. 森林公园

基本情况 森林公园共3040个。其中，国家级森林公园906个。

科学监管 制定《自然保护地整合优化期间国家级森林公园总体规划审批内部工作规则》，对41个国家级森林公园总体规划进行审查。召开生态旅游标准化技术委员会及其第一次会议，制定了生态旅游标准化体系框架，评审通过《自然教育导则》《国家森林步道总体规划规范》等两项林草行业标准。

森林步道建设 组织编制《国家森林步道中长期发展规划纲要（2021—2050年）》《太行山国家森林步道总体规划》，支持江西省抚州市把国家森林步道建设纳入全国林业改革发展综合试点市实施方案，指导河南省济源市、福建省龙岩市武平县等大力推动示范段建设。

2. 草原自然公园

草原自然公园试点共39个。河北、山西、内蒙古等10个省（自治区）和新疆生产建设兵团试点的30个国家草原自然公园总体规划通过省级评审。

3. 湿地公园

基本情况 湿地公园共1665个。其中，国家级湿地公园899个。

试点验收 组织考察国家湿地公园试点验收49处，其中，通过试点验收44处，组织考察国家湿地公园范围和功能区调整26处、省级湿地公园晋升2处，进一步提升了国家湿地公园建设管理水平。

制度建设 结合各地国家湿地公园工程征占用备案工作实践，向各省级林草主管部门印发《关于进一步加强国家湿地公园征占用备案有关工作的通知》，进一步规范国家湿地公园工程征占用备案管理。印发《关于请督促做好国际重要湿地、国家重要湿地、国家湿地公园违规建设项目整改的通知》，督促地方制定整改方案，明确整改时限，加大整改力度。

资金保障 中央预算内投资2.65亿元，在长江经济带实施国家湿地公园保护和修复项目15个。并对80个长江经济带国家湿地公园湿地保护修复项目进行了业务审核。

监督管理 首次实现疑似问题卫片判读全覆盖，899处国家湿地公园全部纳入监管范围。

4. 沙漠（石漠）公园

沙漠（石漠）公园共125个。其中，沙漠公园98个，石漠公园27个。开展国家沙漠（石漠）公园优化调整工作。国家沙漠（石漠）公园建设中央投资实现零突破。

5. 地质公园

地质公园共554个。其中，国家级地质公园281个。组织对广西凤山岩溶国家地质公园违规开采和建设等几起典型问题进行实地核查和整改督导，加强全国自然保护地内地质遗迹保护和管理。

6. 海洋公园

海洋公园共79个。其中，国家级海洋公园67个。审核批复《青岛胶州湾国家级海洋公园总体规划（2016—2025年）》。继续完善海洋公园数据库建设。

7. 风景名胜区

基本情况 风景名胜区共1051个。其中，国家级风景名胜区244个。

总体规划审查 组织开展国家级风景名胜区总体规划审查，召开部际联席审查会议2次，完成清源山等8个国家级风景名胜区总体规划审核，上报自然资源部转报国务院审批。

详细规划审批 对国家级风景名胜区详细规划进行评审，批复武当山风景名胜区八仙观-水磨河片区详细规划等8个国家级风景名胜区详细规划。

（四）其他

1. 世界自然遗产、世界自然与文化双重遗产

部门协作 与国家文物局签署《关于加强世界遗产保护传承利用合作协议》。

制度建设 印发《国家林业和草原局关于加强世界自然遗产保护管理工作的通知》，组织编制《世界自然遗产、自然与文化双遗产管理办法》。

范围调整 神农架世界自然遗产地边界微调项目顺利通过第44届世界遗产大会审议，重庆五里坡国家级自然保护区部分区域被纳入世界遗产地范围。

组织申报 指导天津市做好中国黄（渤）海候鸟栖息地第二期申遗项目申报工作，组织海南省开展"海南热带雨林和黎族传统聚落"、西藏自治区开展"神山圣湖"申报双遗产工作。

科教宣传 印发《关于开展2021年"文化和自然遗产日"主题宣传活动的通知》，部署2021年"文化和自然遗产日"宣传工作。会同江苏省林业局、盐城市人民政府于6月11—12日在江苏省盐城市举办2021年"文化和自然遗产日"主题活动。

2. 世界地质公园

组织申报 向联合国教科文组织推荐世界地质公园申报单位2处，并组织开展第12批世界地质公园推荐工作。组织报送宁德和石林世界地质公园范围调整申请报告以及克什克腾、香港等9处世界地质公园再评估进展报告。

科教宣传 组织中国世界地质公园线上参加第九届联合国教科文组织世界地质公园国际会议和第一届世界地质公园网络电影节活动。协调开展世界地球日第五届"最美地球印记"主题科普活动和中外"2021年友好姊妹公园互展互动"，29个省份数百个地质公园等自然保护地参与了活动。

专栏4　第44届世界遗产大会

2021年7月16日至31日，第44届联合国教科文组织（UNESCO）世界遗产委员会例会采用线上线下相结合的方式在福建省福州市举办。7月16日，世界遗产大会开幕式在福州市海峡艺术中心举行。国家主席习近平致贺信，中共中央政治局委员、国务院副总理孙春兰出席并致辞。国家林业和草原局党组书记、局长关志鸥出席开幕式，并在世界遗产大会《世界遗产》杂志中国特刊上发表题为《保护世界自然遗产 推进生态文明建设》的署名文章。

资源保护

- 森林资源保护
- 草原资源保护
- 湿地资源保护
- 荒漠化沙化治理
- 野生动植物资源保护

资源保护

2021年，资源保护管理成效显著，森林、草原、湿地、荒漠等自然生态系统质量和稳定性逐步提升。

（一）森林资源保护

林地管理　全国审核审批使用林地建设项目6.42万项，面积26.25万公顷，收取森林植被恢复费387.46亿元。与2020年相比，项目数增加9.74%，面积增长10.81%，收取植被费增加1.69%。其中，国家林业和草原局（含委托部分）审核使用林地建设项目924项，面积8.12万公顷，收取森林植被恢复费131.46亿元；各省（自治区、直辖市）审核审批使用林地建设项目6.33万项，面积18.13万公顷，收取森林植被恢复费256.00亿元。组织开展建设项目使用林地及在国家级自然保护区建设行政许可被许可人监督检查工作，共检查174个项目。

加强建设项目使用林地审核审批管理，印发《建设项目使用林地审核审批管理规范》《关于开展"十四五"期间占用林地定额测算和推进新一轮林地保护利用规划编制工作的通知》《关于做好近期林地保护利用规划有关工作和下达2021年度林地定额的通知》。落实国务院"放管服"改革要求，发布国家林业和草原局公告2021年第2号，自2021年2月1日起，将建设项目使用林地（东北国有林区除外）行政许可事项委托省级林草主管部门实施。印发《委托监管办法》，加强委托事项事前、事中、事后监管。

采伐管理　完成全国"十四五"期间年采伐限额备案审核，形成《关于全国"十四五"期间年森林采伐限额备案情况的报告》；全国"十四五"期间年森林采伐限额为27550.0万立方米，是全国同期森林年净生长量69602.0万立方米的39.58%。印发《关于加强"十四五"期间林木采伐管理的通知》《关于规范林木采挖移植管理的通知》，强化林木采伐、采挖移植的监督管理。推进林木采伐"放管服"，完成林木采伐管理系统升级、林木采伐APP研发，推广林木采伐APP、在线申请和告知承诺审批，解决林木采伐"办证难、办证繁、办证慢"的问题。

天然林保护修复　完成天然林抚育任务近113.33万公顷，巩固全面停止天然林商业性采伐成果。按照《天然林保护修复制度方案》要求，编制《全国天然林保护修复中长期规划》，印发《省级天然林保护修复规划编写指南》，指导各省（自治区、直辖市）开展省级规划编制。出台《天然林保护年度核查工作实施办法》《天然林保护约谈暂行办法》等，强化监督管理，健全约谈机制。

国家级公益林管理 印发《关于开展2021年森林督查暨森林资源管理"一张图"更新工作的通知》，部署各地开展国家级公益林监测，掌握国家级公益林范围及其资源的现状和变化情况，强化监管。印发《关于开展林草湿数据与第三次全国国土调查数据对接融合和国家级公益林优化工作的通知》，组织各地开展以第三次全国国土调查（以下简称"国土三调"）数据为底版的国家级公益林优化工作，优化落实国家级公益林范围，核定保护等级等属性信息。

古树名木保护 完成第二次全国古树名木资源普查，普查范围内的古树名木共508.19万株，包括散生122.13万株，群状386.06万株。完成古树名木抢救复壮第三批3个省份试点，并启动第四批试点工作。推进《全国古树名木保护规划（2021—2035年）》编制工作，完成古柏树、古油松、古银杏等养护技术规范编制工作。

森林经营 组织编制《全国森林经营试点推进工作方案》《全国森林经营试点工作实施方案》，印发《关于下达2022年度全国森林经营重点试点任务的通知》，在全国70个单位开展森林经营任务落地上图试点。修订完善《森林经营规划编制指南》《森林经营方案编制技术规程》《森林经营方案编制与实施管理办法》。完成各省2021年度森林抚育任务计划的审核，编制《2022年中央财政补贴森林抚育项目建议书》。印发《关于上报2020年度中央财政森林抚育补贴任务工作总结的通知》。继续推进蒙特利尔进程履约、中芬森林可持续经营示范基地建设等工作。

森林督查 国家林业和草原局各派出机构共督查督办案件3493起，办结2289起，办结率65.53%。收回林地10751公顷，罚款47275万元，打击处理3780人，追责问责1511人。全程督导全国打击毁林专项行动，确保各项任务按时保质完成。组织各市（县）对问题图斑和问题线索进行自查，对违法问题依法进行处理和整改，形成国家、省、市、县多级工作合力，共同加强森林资源保护监管。通过"全方位、无死角"的卫星遥感影像，有效打击违法违规破坏森林资源行为。以新闻发布会、网站、微博、微信公众号等多种形式通报27起破坏森林资源典型案件，主动接受社会媒体监督。

（二）草原资源保护

补奖政策 组织实施第三轮草原补奖政策。印发《第三轮草原生态保护补助奖励政策实施指导意见》《关于落实第三轮草原生态保护补助奖励政策 切实做好草原禁牧和草畜平衡有关工作的通知》，强化禁牧和草畜平衡监管，对落实禁牧和草畜平衡制度提出明确要求。

征占用管理 全国审核审批征占用草原申请12069批次，比2020年增加9213批次；审核审批草原面积7.87万公顷，比2020年增加4.18万公顷；征收草原植被恢复费13.47亿元，比2020年减少0.24亿元。印发《关于做好矿藏开采、工程建设征收、征用或者使用七十公顷以上草原行政许可审核委托实施工作的通知》，举办草原征占用行政许可委托实施工作专题培训班，指导各地有序开展草原征占用审核行政许可工作。组织对4个征占用草原项目审核情况开展"双随机"检查，强化事中、事后监管。依法依规加快保供煤矿使用草原审核手续，创新形式，优化程序，确保国家能源安全。

监测评价 部署草原基本情况监测，组织划定草班小班，建立草原基础数据档案图库，实现林草监测评价一盘棋。组织开展年度草原监测，完成国家控制样地1.59万个、样方4.77万个。

执法监督 印发《国家林业和草原局关于进一步加强草原执法监督坚决打击开垦草原和非法征占用草原等违法行为的通知》，对各省（自治区）进一步强化草原执法监督工作提出明确要求。组织各省（自治区）开展2021年草原执法监管专项检查督查。

专栏5　内蒙古自治区多措并举监管禁牧和草畜平衡

2021年是落实第三轮草原生态保护补助奖励政策开局之年。内蒙古自治区从禁牧和草畜平衡区域划定、适宜载畜量核定、草畜平衡监管、创新转移支付制度等多个方面优化政策落实机制，着力解决前两轮补奖政策实施存在的问题，确保第三轮草原生态保护补助奖励政策顺利稳妥实施。

为进一步加强草原禁牧休牧和草畜平衡监管，内蒙古自治区着力加强了以下三方面工作：一是实行数字化监管，实现"一网通览全局、一键调度工作、一屏辅助决策"；二是实行网格化落责，形成统一布局、分级负责、属地管理、覆盖草原全域的草原网格化落责管理体系；三是实行法制化规范，2021年10月1日，《内蒙古自治区草畜平衡和禁牧休牧条例》正式施行，为有效解决草畜平衡和禁牧休牧方面存在的突出问题提供了法律保障。

（三）湿地资源保护

保护修复 安排中央财政湿地保护与恢复项目89个、湿地生态效益补偿项目29个，实施湿地保护修复重大工程项目15个。组织编制《全国湿地保护"十四五"实施规划》《黄河三角洲湿地保护修复规划》。结合国土三调成果，提出全国湿地面积总量管控目标的建议方案。会同自然资源部起草《全民所有自然资源资产所有权委托代理机制试点方案》，探索全民所有湿地资源资产所有权委托代理机制。制（修）订标准规范8项，申报国家标准3项，审查行业标准4项。

调查监测 将湿地纳入国家林草生态综合监测评价工作范畴，研究提出湿地的相关技术方案和技术规程。组织开展国际重要湿地生态状况监测，发布2021年《中国国际重要湿地生态状况》白皮书。联合自然资源部中国地质调查局在四川、青海、甘肃等省份开展泥炭沼泽碳库调查工作。完善林草生态感知系统湿地板块建设，将江西智慧监测平台、湖北的视频监控系统、浙江杭州湾等湿地系统纳入林草生态感知系统。

执法监管 首次实现我国63处国际重要湿地、29处国家重要湿地、899处国家湿地公园疑似问题卫片判读全覆盖。推动建立湿地破坏预警防控系统，有效提升湿地破坏问题监管效能。制定《国家林业和草原局湿地保护约谈暂行办法》。将湿地资源保护管理纳入林长制督查考核内容。开展辽河三角洲、杭州湾、长江经济带等12个省（直辖市）湿地保护空缺分析研究，指导地方采取多种形式加强高生态价值的湿地保护。

保护宣教 开展2021年世界湿地日主题宣传，发布绿色中国云访谈节目，召开新闻发布会。配合《人民日报》、新华社等中央媒体以及国家林业和草原局官方微博、微信、微视、抖音等新媒体开展湿地保护的宣传工作。

（四）荒漠化沙化治理

总体情况 北方12个省（自治区）和新疆生产建设兵团完成年度防沙治沙任务140万公顷。西南8个省（自治区、直辖市）完成石漠化防治任务33万公顷。

封禁保护 修订《沙化土地封禁保护区管理办法》。推进工程项目建设，续建9个沙化土地封禁保护区，对53个全国防沙治沙综合示范区开展考核验收。

荒漠化沙化调查监测 完成第六次全国荒漠化沙化调查监测。直接参与的技术人员达5100余人，区划和调查图斑5721万个，建立现地调查图片库36.66万个，采集照片146.65万张。按照《全国荒漠化和沙化监测技术规定》《全国荒漠化和沙化监测管理办法》等规定，并结合国土三调，组织完成全国30个省（自治区、直辖市）的第六次荒漠化和沙化监测数据对接和分析。

石漠化调查监测 根据《岩溶地区石漠化调查监测技术规定》，研建石漠化调查监测数据与国土三调成果融合软件平台和野外数据采集系统。研究制定《调查监测范围调整方案》，新增岩溶地区石漠化调查监测县41个。并开展监测培训、试点等相关工作。

宣传教育 联合科学技术部、内蒙古人民政府主办第八届库布其国际沙漠论坛，开展第27个"世界防治荒漠化与干旱日"纪念活动、《中华人民共和国防沙治沙法》实施20周年宣传纪念活动以及荒漠化、石漠化和沙尘暴应急科普宣传等。

(五)野生动植物资源保护

保护恢复 开展全国第二次重点保护野生植物和陆生野生动物资源调查、全国兰科植物资源专项调查。成功引导北移象群迁回活动1400多公里后全部返回适宜栖息地,未发生人象伤亡事件。编写朱鹮、绿孔雀、虎、兰科植物、苏铁等专项规划,印发《野生动物保护领域标准体系》,发布金丝猴人工繁育管理规范行业标准,推动《鸟类环志技术规程(试行)》修订和全国鸟类环志网络建设。做好信访舆情应对工作,督促有关省(自治区)妥善解决相关问题。推动实施《国家重点保护野生植物名录》,指导地方林草主管部门全面加强野生植物保护。

执法监管 会同多部门联合开展"清风行动"打击非法贸易活动。成立防范和打击网络野生动植物非法交易工作组。明确禁限售野生动植物种类以及禁用猎具,规范罚没野生动植物及其制品以及保管处置工作。聘请野生动植物义务监督员,建立野生动植物非法交易线索举报奖励制度,监督办理非法贸易案件。开展全国野生动物收容救护机构排查整治和监督检查。继续严格执行犀牛、虎及其制品、象牙有关严格管制措施。编制国家重点保护野生动物人工繁育许可证电子证照标准。完成部分鹤类人工繁育情况调查。制定种用野生动植物种源引进政策。继续抓好野生动物禁食工作,及时掌握养殖户转产转型情况。

专栏6 国家重点保护野生动植物名录调整情况

2021年2月,经国务院批准,国家林业和草原局、农业农村部联合公布了系统调整后新《国家重点保护野生动物名录》。该名录共收录了980种和8类野生动物,包括国家一级234种和1类,国家二级746种和7类。其中,686种陆生野生动物(兽类136种、鸟类394种、两栖22种、爬行58种、昆虫76种)由林业和草原主管部门管理,294种和8类按水生野生动物由渔业部门管理。

2021年9月,经国务院批准,国家林业和草原局、农业农村部联合发布调整后的《国家重点保护野生植物名录》,收录有455种和40类,总计约1200种野生植物,其中,国家一级保护野生植物54种和4类,国家二级保护野生植物401种和36类。林业和草原主管部门分工管理324种和25类,农业农村主管部门分工管理131种和15类。

珍稀濒危野生动植物 成功监测到海南长臂猿新生2只，种数量增长到5个家庭群35只。多地发现并收集穿山甲活动影像资料。实施2021年度全国圈养大熊猫优化繁育配对方案，全年共繁育成活大熊猫幼仔32胎46只，全面清理整顿大熊猫借展项目。推动朱鹮、麋鹿、普氏野马野化放归和暖地杓兰、资源冷杉、庙台槭等野外回归。开展崖柏等濒危植物回归种群监测。组织编制野生植物扩繁和迁地保护研究中心建设工作方案，推动野生植物标准化技术委员会（NFGA/TC6）批建。

专栏7　国务院批复同意在北京设立国家植物园

2021年12月28日，国务院批复同意在北京设立国家植物园，由国家林业和草原局、住房和城乡建设部、中国科学院、北京市人民政府合作共建。批复要求，国家植物园建设要坚持人与自然和谐共生、尊重自然、保护第一、惠益分享；坚持以植物迁地保护为重点，体现国家代表性和社会公益性；坚持对植物类群系统收集、完整保存、高水平研究、可持续利用，统筹发挥多种功能作用，坚持将植物知识和园林文化融合展示，讲好中国植物故事，彰显中华文化和生物多样性魅力，强化自主创新，接轨国际标准，建设成具有中国特色、世界一流、万物和谐的国家植物园。

宣传教育 开展"世界野生动植物日""爱鸟周""4·15全民国家安全教育日"等宣传活动，发布《2020年野生动植物保护十大事件》，制作20集公益科普宣传片《看春天》《看夏天》（第二季），参与制作《野猪与人冲突》科普视频，开展野生动物疫病与生物安全科普教育进校园、进社区活动。配合央视、《人民日报》《中国日报》等主流媒体开展生物多样性保护宣传工作。

专栏8　全国林草生态综合监测评价工作情况

2021年，国家林业和草原局组织开展了全国林草生态综合监测评价工作。已完成统计汇总、分析评价和成果编制等各项任务，并取得了一定成效。

一是首次实现林草"一体化"的监测评价。全国林草生态综合监测评价工作是我国首次以国土三调为统一底版，按统一时点、统一标准开展的全国森林、草原、湿地一体化全覆盖监测和资源、生态状况统一评价。

二是实现森林、草原、湿地监测数据与国土三调成果的全面对接融合。厘清了林地、草地、湿地与其他土地的范围界线,首次解决了地类交叉重叠问题,形成了统一标准、统一底版、统一时点、无缝衔接的全国林草资源"一张图"。

三是产出丰富的监测评价数据和成果。全国林草生态综合监测评价工作共完成31个省(自治区、直辖市)的45.7万个样地监测、4.7亿个图斑监测,统计分析数据600亿组,建立各类模型1297套,产出《国家林草生态综合监测评价结果报告》《中国林草资源及生态状况》和森林、草原、湿地、荒漠等分专题报告,综合评价了自然生态系统的质量、格局、功能与效益;同步产出了三大重点战略区、五大国家公园、重要生态保护修复区以及重点国有林区的资源数据。

四是客观评价了森林、草原、湿地资源保护管理成效。全国林草生态综合监测评价工作结果显示,全国森林面积和蓄积量稳步增长;保护格局初步形成,利用格局趋于科学;生态产品供给能力增强,森林碳汇能力稳步提升。

E P31-35

灾害防控

- 火灾防控
- 有害生物防治
- 沙尘暴灾害防控
- 野生动物疫源疫病监测与致害防控
- 外来入侵物种管控
- 安全生产

灾害防控

2021年，各级林业和草原主管部门全力抓好安全生产及防灾减灾工作，提高火灾综合防控能力和沙尘灾害应急处置能力，加大林业和草原有害生物防治力度，妥善处置陆生野生动物疫情、致害情况，完成森林、草原、湿地生态系统外来物种入侵物种普查试点。

（一）火灾防控

基本情况 全国共发生森林火灾616起，受害森林面积4456.6公顷，因灾伤亡28人。与2020年相比，森林火灾次数、受害面积、因灾伤亡人数分别下降47%、48%、32%。全国共发生草原火灾23起，受害面积4199公顷。与2020年相比，草原火灾次数增加10起，受害面积下降62%。

防控举措 开展《全国森林防火规划（2016—2021年）》中期评估，编制《"十四五"全国草原防灭火规划》。落实中央预算内投资19.15亿元，组织实施防火类项目128个，落实防火补助资金5亿元。编制《全国重点区域林火阻隔系统（含防火道）工程建设规划（2021—2035年）》，印发《国家林业和草原局关于加快林火阻隔系统建设的通知》。按照"谁包片、谁负责"原则，与属地共同做好防火工作，实现包片蹲点全覆盖。会同应急管理部、中国气象局分析研判火险形势，联合国家森林防火指挥部办公室（简称森防办）、公安部、应急管理部开展野外火源治理和查处违规用火行为专项行动，会同国家森防办等部门联合开展林牧区输配电设施火灾隐患专项排查治理，强化源头管理。推动建立京津冀晋蒙等5个省（自治区、直辖市）联防联动协作机制。印发《2021年度森林和草原火灾风险普查工作要点》，修订《林草系统火灾风险普查实施方案》、12项技术规程以及2项数据质量检查办法，开展风险评估指标权重专家评分。推进雷击火防控应急科技项目研究和全国森林草原防火标准化技术委员会重组工作，引导和推进无人机在防火工作中应用，开展"防火码2.0"深化应用试点。

（二）有害生物防治

1. 林业有害生物防治

基本情况 林业有害生物发生面积1255.37万公顷，比2020年下降1.81%，除林业有害植物外，森林病害、森林虫害、森林鼠害的发生面积较2020年有所减少；林业有害生物累计防治面积1732.77万公顷次，比2020年增加2.45%（表1）。

表1　2021年度林业有害生物发生防治情况

指标	林业有害生物	森林病害	森林虫害	森林鼠害	林业有害植物
发生面积（万公顷）	1255.37	284.74	776.65	174.67	19.31
发生率（%）	4.42	1.00	2.73	0.79	0.13
累计防治面积（万公顷次）	1732.77	291.14	1277.28	145.96	18.38
防治率（%）	80.36	79.04	82.33	74.65	72.36
无公害防治率（%）	93.48	90.37	94.58	95.45	82.17

防控举措　林业有害生物防治工作以强化松材线虫病疫情防控管理为重点，统筹兼顾美国白蛾等其他有害生物防控工作。应急处置第三代美国白蛾局地暴发和扰民舆情。指导红火蚁防控、广西锈色棕榈象非法养殖清理，广泛开展宣传引导群众科学认知加拿大一枝黄花。中央资金投入13.3亿元支持松材线虫病、美国白蛾等重大林业有害生物防治工作。全年采取各类措施防治1001.03万公顷，累计防治作业面积1720.50万公顷次，无公害防治率达90%以上。

专栏9　松材线虫病防治情况

2021年，以林长制为抓手，将松材线虫病等重大有害生物防治纳入林长制督查考核。印发《国家林业和草原局关于科学防控松材线虫病疫情的指导意见》，启动实施松材线虫病疫情防控五年攻坚行动，确定了"十四五"防控目标任务和防控策略措施。13部门联合下发《关于进一步加强松材线虫病疫情防控工作的通知》，强化部门协同联动机制。建立并运行皖浙赣环黄山、蒙辽吉黑、秦巴山区松材线虫病疫情联防联控机制，健全区域联防联控机制。推进建立包片蹲点机制，将黄山等7个重点生态区域包片蹲点扩大到全国。制定印发《松材线虫病防治技术方案（2021年版）》。指导辽宁、山东紧急处置进口松木携带松材线虫事件，配合公安机关立案侦办。协调海关总署对进口松木采取紧急检疫措施，严控松材线虫随进口松木传入我国的风险。

2. 草原有害生物防治

基本情况　全国草原有害生物危害面积5165.01万公顷（不含草原病害）。防治投入资金5亿多元，完成生物灾害各种措施防治面积1375.53万公顷，比2020年增长48.44%。下达草原有害生物防治任务926.67万公顷。

草原鼠害 危害面积居高不下，呈现整体危害加重、多点高密度危害的严峻态势。草原鼠害危害面积3761.89万公顷，比2020年增长9.21%，占草原有害生物危害面积的72.83%。严重危害面积1942.01万公顷，比2020年增长33.47%。其中，内蒙古、四川、西藏、甘肃、新疆、青海6个省（自治区）危害面积3650.13万公顷，占鼠害面积的97.03%。草原鼠害综合防治面积1019.13万公顷，比2020年增长90.28%。绿色防治面积519.73万公顷，比2020年增长38.67%，绿色防治比例达到50.99%。

草原虫害 危害整体减轻，但局部地区虫口密度依然偏高、危害严重。全年危害791.93万公顷，其中，严重危害379.64万公顷，占危害面积的47.94%。完成草原虫害防治面积323.99万公顷，其中，绿色防治面积241.8万公顷，绿色防治比例达到74.63%。

草原有害植物 整体轻度危害，但部分种类局地危害严重。全年危害611.2万公顷，其中，严重危害125.9万公顷，占危害面积的20.6%。共完成草原有害植物防治面积32.41万公顷。

（三）沙尘暴灾害防控

基本情况 我国北方地区春季共发生9次沙尘天气过程。与2020年相比，春季沙尘天气增加2次。

防控举措 联合中国气象局对春季沙尘天气趋势进行预测会商，开展中短期会商研判。完善《重大沙尘暴灾害应急预案》，应对春季沙尘天气过程。完成沙尘暴灾害应急管理平台部分模块功能开发和林草生态网络感知系统华为云平台的布设工作，初步满足沙尘暴灾害的实时监测和应急值班值守管理的需求。通过国家林业和草原局官方微博及时发布沙尘发生实况，做好沙尘天气信息公开。组织开展了5·12沙尘暴灾害应急科普宣传活动等。

（四）野生动物疫源疫病监测与致害防控

疫情处置 全国各级野生动物疫源疫病监测站上报日报告约15万份，处理异常情况465起，涉及北京、山西、内蒙古等21个省（自治区、直辖市），应对野鸟高致病禽流感、岩羊小反刍兽疫等野生动物疫情21起，阻断了疫病扩散传播。

防控举措 印发《2021年重点野生动物疫病主动监测预警实施方案》，在全国野生动物集中分布区、生物安全高风险区组织开展禽流感、非洲猪瘟等重点野生动物疫病主动监测预警，共采集野鸟、野猪等野生动物样品32479份，共分离到H1N1、H4N6、H11N9等亚型禽流感病毒47株、副黏病毒3株，初步掌握我国野生动物重点疫病流行病学动态。配合中国–世界卫生组织全球新冠肺炎病毒联合溯源研究工作，提供主动预警回溯调查等15份野生动物材料约4万多份野生动物样本的检测数据。

野猪致害防控 会同中央农村工作领导小组办公室（简称中央农办）等部门开展野猪等野生动物致害情况摸底调研。安排部署14个省（自治区）开展野猪危害防控综合试点。各地成立117支狩猎队在173个受损乡镇（地区）完成猎捕野猪1982头，有效缓解野猪致害。通过建设阻隔设施、加强宣传教育等方式积极主动预防。探索野生动物致害综合保险业务，累计补偿群众损失366.48万元。

（五）外来入侵物种管控

与农业农村部等部门联合印发《进一步加强外来物种入侵防控工作方案》。参与建立外来入侵物种防控部际协调机制。梳理我国森林、草原、湿地生态系统外来入侵物种现状，完成普查试点工作。发布有害生物防控信息系统，改造搭建普查监测信息平台及手机APP，研发外来入侵物种图库及人工智能识别软件。发布《森林草原湿地生态系统外来入侵物种普查工作方案》、技术规程及重点物种名单。

（六）安全生产

调整安全生产工作领导小组成员，印发《林业和草原主要灾害种类及其分级（试行）》。推进专项整治三年行动集中攻坚，开展"安全生产月"和"安全生产万里行"活动。在重大节日、重要活动前，强化林业和草原各级安全法令措施落实，严防发生安全生产事故。

F

P37-40

制度与改革

- 林长制
- 改革

制度与改革

2021年,全面推行林长制,重点国有林区改革、国有林场改革、集体林权制度改革持续深化。

(一)林长制

背景 林长制是指按照"分级负责"原则,由各级地方党委和政府主要负责同志担任林长,其他负责同志担任副林长,构建省、市、县、乡、村等各级林长体系,实行分区(片)负责,落实保护发展林草资源属地责任的制度。2019年新修订的《中华人民共和国森林法》明确:"地方人民政府可以根据本行政区域森林资源保护发展的需要,建立林长制。"2020年8月,习近平总书记在安徽考察工作时作出重要指示,要落实林长制度。2020年11月,习近平总书记在中央全面深化改革委员会第十六次会议上强调:"全面推行林长制,要按照山水林田湖草系统治理的要求,坚持生态优先、保护为主,坚持绿色发展、生态惠民,坚持问题导向、因地制宜,建立健全党政领导责任体系,明确各级林长的森林草原保护发展责任。"2020年12月,中共中央办公厅、国务院办公厅印发《关于全面推行林长制的意见》,对全面推行林长制作出具体部署。

总体进展 印发《贯彻落实<关于全面推行林长制的意见>实施方案》,对责任体系、目标任务、组织实施、保障措施、督查考核等关键环节提出明确要求。全国呈现"试点先行、局部运行、全面推开、有序推进"的良好态势。

体系建设 在组织责任体系方面,全国各省(自治区、直辖市)均已出台实施文件,由党委政府主要领导担任总林长。98%的市(地、州、盟)和96.7%的县(市、区、旗)已出台实施文件。建立起省、市、县、乡、村各级林长体系,构建以党政主要领导负责制为核心的责任体系,形成了一级抓一级、层层抓落实的工作格局。在制度体系方面,27个省份出台相关配套制度,多地创新推出"林长+"、总林长令、巡林督查等制度。安徽创新制度供给,先后出台《关于推深做实林长制改革优化林业发展环境的意见》《安徽省林长制条例》。在考核体系方面,制定《林长制督查考核办法(试行)》《林长制督查考核工作方案(试行)》。将国家林业和草原局已开展和正在开展的各项督查、检查和考核事项,统一纳入林长制督查考核平台,实现"一张试卷,共同答题"。17个省份出台林长制考核评价办法,9个省份已开展考核工作。江西从严实施林长制工作考核,强化考核结果运用,将"绿色发展政绩"作为地方党政领导干部综合考核的重要依据。

林长制激励 与财政部、水利部联合印发《国务院办公厅关于新形势下进一步加强督查激励的通知》,将"林长制激励措施"列入其中的第24项,这是国家林业和草原局首次列入国务院督查激励事项。根据要求，与财政部共同制定并印发《林长制激励措施实施办法（试行）》，明确对全面推行林长制且成效明显的市、县予以表扬激励。

（二）改革
1. 国有林区改革
一是以林长制为抓手的森林资源保护监管制度体系初步建立，森工集团、林业局（森工公司）、林场三级林长组织体系基本形成，森林资源保护发展责任进一步压实。完成林草湿生态综合监测、一张图数据融合、国家级公益林区划调整等工作。完成人工造林、森林抚育等任务。二是深入推进大兴安岭林业集团公司直管改革。促成大兴安岭林业集团公司和大兴安岭行署签订政企分开移交人员协议，并据此确定了人员划转基数，结束了大兴安岭林区长期以来的政企合一管理体制。同时，推动已划转机构和人员经费渠道理顺工作。三是各森工集团全面推进森工企业改革。内蒙古森工集团开展"总部机关化"问题专项治理；吉林森工集团司法重整，发展布局由原来的八个板块精简为以森林资源经营和大健康为主体的新格局；龙江森工集团实施国企改革三年行动，推动混合所有制改革，初步实现分类改革目标；伊春森工集团实施管理机构瘦身，内生动力不断增强。四是全面加强对林区社会发展的投入和支持，统筹林区养老、医疗等社会保障政策和区域经济发展政策。内蒙古自治区政府审议通过国有林区改革"一揽子"财政补贴保障政策，逐年投入补贴资金，解决"三供一业"运营补贴等问题。吉林省通过省级财政和天然林保护资金的支持，林区"一局一场"转型发展取得成效，仅2020年、2021年就支持建成项目39个。

2. 国有林场改革
改革试点 确定浙江省金华市东方红林场、福建省三明市省属国有林场、山东省淄博市原山林场为深化国有林场改革试点单位，指导三省林业和草原主管部门制定深化改革试点方案并批复。

支持塞罕坝机械林场二次创业 出台《关于支持塞罕坝机械林场"二次创业"的若干措施》《为塞罕坝机械林场办实事清单》，支持塞罕坝机械林场"二次创业"。在全国脱贫攻坚总结表彰大会上，河北省塞罕坝机械林场荣获"全国脱贫攻坚楷模"称号。实施清单统筹安排资金3000万元，用于林场管护站点升级改造，加强林场有害生物监测，提高科技宣教能力等。

支持贫困林场 推动调整完善中央财政支持国有贫困林场扶贫资金政策，落实每年7亿元财政资金，且连续3年用于巩固拓展国有林场脱贫攻坚成果。

"三支一扶"到林场 协调人力资源和社会保障部，将国有林场纳入高校毕业生"三支一扶"范围。中共中央组织部、人力资源和社会保障部等10个部门联合印发了《关于实施第四轮高校毕业生"三支一扶"计划的通知》，首次将林草资源管理、生态修复工程、营林生产等生态文明建设服务岗位纳入"三支一扶"计划。择优选拔"三支一扶"人员兼任国有林场场长助理。据统计，2021年，到国有林场兼任场长助理的高校毕业生26人，涉及26个省（自治区）。

管护用房建设试点 在内蒙古、江西、广西、重庆、云南5个省（自治区、直辖市）共新建和改建管护用房402处，中央投资8365万元。截至2021年，已开工362处，完工141处，完成中央投资4416万元。

规模化林场试点 继续推动河北雄安新区白洋淀上游规模化林场、内蒙古自治区浑善达克沙地规模化林场、青海省湟水流域规模化林场试点建设工作。2021年完成造林任务10.5万公顷，落实中央投资5.30亿元、地方配套7645万元。

3. 集体林权制度改革

改革进展 全国新型林业经营主体总数超过29.47万个，年末实有林地经营权流转面积0.12亿公顷，林权抵押贷款余额880多亿元。经济林产品产量超过1亿吨。

工作举措 联合中央政策研究室等单位，先后赴福建等地开展专题调研。开发完善集体林权综合监管系统。完成2020年集体林地承包经营纠纷调处考评工作。

4. 草原改革

参照国有林场制度性、专业性和计划性的组织体系，组织开展专题调研，为编制《国有草场建设试点方案》提供基础。

G 投资融资

- 林草投资
- 林草固定资产投资
- 资金管理

投资融资

2021年，紧紧围绕林草工作，加大林草重点领域投资力度，不断完善资金管理制度，强化资金绩效管理，提升资金使用效益。

（一）林草投资

资金来源 我国林草资金来源包括中央资金、地方资金、金融机构贷款、利用外资、自筹资金及其他社会资金。

投资完成 全国林草投资完成额4169.98亿元，与2020年相比减少11.59%，主要因为地方资金减少。其中，国家资金（中央资金和地方资金）2343.80亿元，占林草投资完成额的56.21%；金融机构贷款等社会资金1826.18亿元，占林草投资完成额的43.79%（表2）。中央资金中，预算内基本建设资金244.34亿元，占全部中央资金的21.03%；中央财政资金917.55亿元，占全部中央资金的78.97%，其中，安排中西部22个省份生态护林员补助资金64亿元，110万生态护林员稳定增收。社会资金中，林草实际利用外资5.03亿美元，与2020年相比增加了1.06亿美元，占全国实际使用外资金额[①]的0.29%，与2020年基本持平（图3）。

表2 2021年林草投资完成情况

林草投资完成额	金额（亿元）	占比（%）
合计	4169.98	100.00
中央资金	1161.89	27.86
地方资金	1181.91	28.34
国内贷款	294.42	7.06
利用外资	24.88	0.60
自筹资金	887.87	21.29
其他社会资金	619.01	14.85

资金使用 我国林草资金主要用于生态保护修复、林草产品加工制造、林业草原服务保障与公共管理等。2021年，生态修复治理投资完成2135.05元，占全部投资完成额的51.20%，主要来自中央资金和地方资金，两者合计占生态修复治理投资完成额的61.94%（图4）。林草产品加工制造投资完成791.76亿元，占全部投资完成额的18.99%，主要来自自筹资金。林业草原服务保障和公共管

---

① 2021年全国实际利用外资1734.8亿美元，数据来源于中华人民共和国商务部官网。

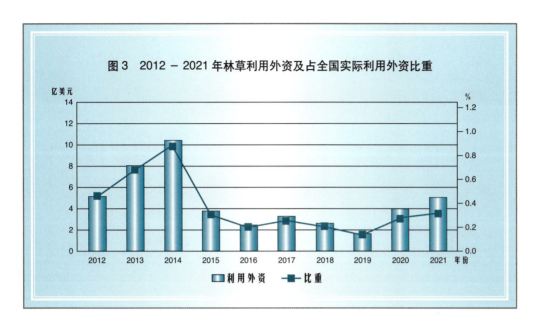

图3 2012－2021年林草利用外资及占全国实际利用外资比重

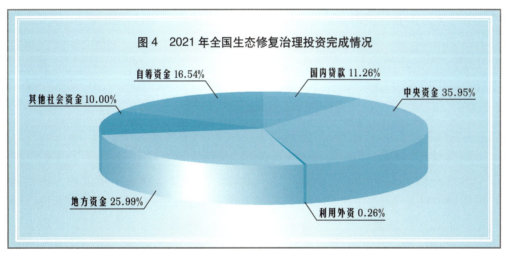

图4 2021年全国生态修复治理投资完成情况

理投资完成1243.17亿元，占全部投资完成额的29.81%，主要来自中央资金和地方资金。

（二）林草固定资产投资

完成投资 全国累计完成林草固定资产投资806.50亿元，与2020年相比减少了7.29%；其中，国家投资154.54亿元，仅占19.16%。按投资构成划分，建筑工程投资256.75亿元，安装工程投资43.83亿元，设备工器具购置投入70.46亿元，其他投资435.46亿元，分别占全国林草固定资产投资的31.84%、5.43%、8.74%和53.99%（图5）。2021年，全国新增固定资产424.29亿元，与2020年相比基本持平。

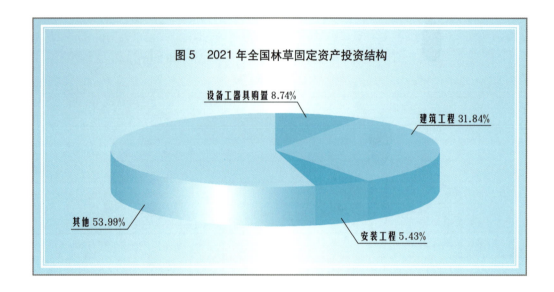

图5 2021年全国林草固定资产投资结构

到位资金 全国实际到位林草固定资产投资887.27亿元，与2020年相比减少了1.17%。其中，2020年结转和结余资金62.32亿元，2021年新到位资金824.95亿元。2021年到位资金按来源划分，国家预算内投资306.87亿元，国内贷款39.73亿元，债券10.05亿元，利用外资14.51亿元，自筹资金364.86亿元，其他资金88.93亿元。

（三）资金管理

制度建设 配合国家发展和改革委员会制定印发《重点区域生态保护和修复中央预算内投资专项管理办法》《生态保护和修复支撑体系中央预算内投资专项管理办法》等2个中央预算内投资专项管理办法。联合财政部修订印发《林业草原生态保护恢复资金管理办法》《林业改革发展资金管理办法》。联合财政部等部门印发《中央生态环保转移支付资金项目储备制度管理暂行办法》。联合财政部、应急管理部出台《中央补助地方森林草原航空消防租机经费管理暂行规定》。修订《内部审计工作操作规范》。制定印发《国家林业和草原局部门预算绩效目标管理实施细则》等3项制度办法，形成了较为完备的绩效管理制度体系。联合财政部印发《关于2021年度中央财政林业草原转移支付任务计划等有关事项的通知》，明确中央财政林业草原转移支付约束性任务和指导性任务及相关工作要求。配合财政部监督评价局完成国家林业和草原局2019年重点项目评价结果复核工作。组织对2020年确定的湿地保护与管理等11个项目开展绩效评价工作。对国家林业和草原局2021年部门预算的全部项目支出开展绩效运行监控工作。

审计督查 一是成立国家林业和草原局审计整改工作领导小组，向自然资源部报送《2020年度中央预算执行和其他财政支出审计查出问题整改工作方案》《2020年度中央预算执行和其他财政支出审计查出问题整改工作报告》。二是将审计全覆盖工作拓展到行业资金项目监管，对第一批正式设立的5个国家公园、松材线虫病防治、森林防火、防沙治沙等中央资金使用情况开展了专项审计。

> **专栏10　林业草原金融创新**
>
> 　　林业贷款项目融资规模持续扩大，推动河南、贵州、云南、江西等一批国家储备林、林业生态保护与修复、林业产业发展、林业基础设施建设等贷款项目落地。截至2021年，共有554个国家储备林等林业贷款项目获得国家开发银行、中国农业发展银行批准，累计授信3732亿元，累计放款1431亿元；2021年新增108个贷款项目，新增授信940亿元，新增发放贷款280亿元。全年完成国家储备林任务40.53万公顷，其中，利用两行贷款完成32.4万公顷。协调国家开发银行出台政策，国家储备林工程贷款期限最长可达40年。森林保险覆盖面进一步扩大，2021年森林保险总面积1.64亿公顷，与2020年相比增加0.02亿公顷。总保费规模为37.32亿元，各级财政补贴33.08亿元，政策覆盖35个参保地区和单位；提供风险保障约1.71万亿元；全年完成理赔7.84亿元，简单赔付率为20.99%。持续推进草原保险工作，内蒙古自治区省级财政支持下的草原保险工作正式启动，首批试点区域涉及8个盟市13个旗县，截至2021年，参保面积171.16万公顷，产生保费3248.53万元，省级财政补贴1624.27万元，占总保费的50%。积极推动野生动物致害保险工作，协调财政部将野生动物毁损保险责任纳入《中央财政农业保险保费补贴管理办法（修订稿）》补贴险种范围。

产业发展

- 林草产业总产值
- 林业产业结构
- 林业产品产量和服务

产业发展

2021年，全国林业产业总产值延续增长态势，全国草产业总产值有所增长，全国木材产量、经济林面积和产量继续增加，林业产业结构进一步优化，林草旅游与休闲保持快速发展态势，林草会展经济发展良好。

（一）林草产业总产值

全国林草产业产值达8.73万亿元。其中，林业产业总产值达8.68万亿元，比2020年增长6.88%。自2012年以来，林业产业总产值的平均增速为9.15%（图6）；草产业总产值为578.42亿元，比2020年增长6.57%。

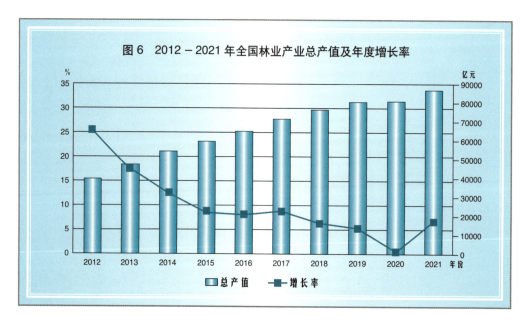

图6 2012—2021年全国林业产业总产值及年度增长率

全国林业产业总产值超过4000亿元的省（自治区）共有11个，分别是广东、广西、福建、山东、江西、浙江、湖南、江苏、安徽、湖北、四川。其中，广东省排名第一，林业产业总产值为8607.43亿元，连续3年林业产业总产值超过8000亿元。广西壮族自治区位居第二，且其林业产业总产值首次超过8000亿元，达到8487.20亿元，同比增长12.85%。11个省（自治区）的林业产业总产值合计66116.09亿元，占全国林业产业总产值的76.20%（图7）。

全国草产业总产值主要来自种草、修复和管护，占草产业总产值的66.08%。分地区看，排名前7位的省（自治区）分别是内蒙古、青海、新疆、云南、广西、四川、甘肃，7个省（自治区）的草产业总产值为507.48亿元，占全国草产业总产值的87.74%。

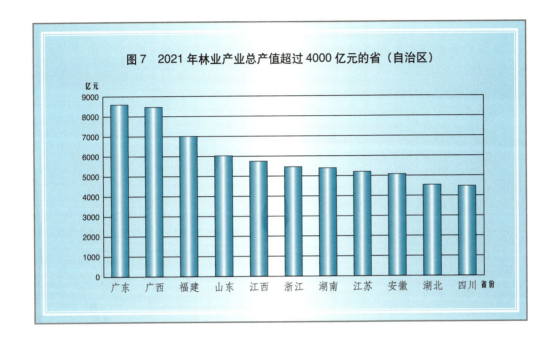

图7 2021年林业产业总产值超过4000亿元的省（自治区）

（二）林业产业结构

林业一、二、三产业产值，与2020年相比，均继续增加。林业产业结构保持稳定，由2020年的32：45：23调整为31：45：24。2021年，林业第一产业产值27545.16亿元，占全部林业产业总产值的31.75%，同比增长4.73%；林业第二产业产值38632.74亿元，占全部林业产业总产值的44.53%，同比增长6.04%；林业第三产业产值20585.66亿元，占全部林业产业总产值的23.72%，同比增长11.63%（图8）。

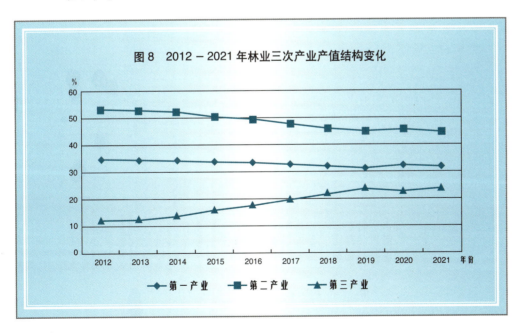

图8 2012－2021年林业三次产业产值结构变化

(三)林业产品产量和服务

木材 全国木材(包括原木和薪材)总产量为11589.37万立方米,比2020年增加1332.36万立方米,同比增长12.99%(图9)。

锯材 全国锯材产量为7951.65万立方米,比2020年增加359.08万立方米,同比增长4.73%(图9)。

竹材 全国竹材产量为32.56亿根,比2020年增加1303万根,同比增长0.40%。

人造板 全国人造板总产量为33673.00万立方米,比2020年增加1128.35万立方米,同比增加3.47%(图9)。其中,胶合板19296.14万立方米,减少500.36万立方米,同比减少2.53%;纤维板6416.91万立方米,增加190.58万立方米,同比增长3.06%;刨花板产量3963.07万立方米,增加961.42万立方米,同比增长32.03%(图10);其他人造板产量3996.88万立方米,增加476.70万立方米,同比增长13.54%。

家具 全国木制家具总产量38002.1万件,比2020年增长18.18%。

木浆 全国纸和纸板总产量12105万吨,比2020年增长7.50%;纸浆产量8177万吨,比2020年增长10.83%,其中,木浆产量1809万吨,比2020年增长21.41%。

木竹地板 全国木竹地板产量为8.23亿平方米,比2020年增加5090.65万平方米,同比增长6.59%。

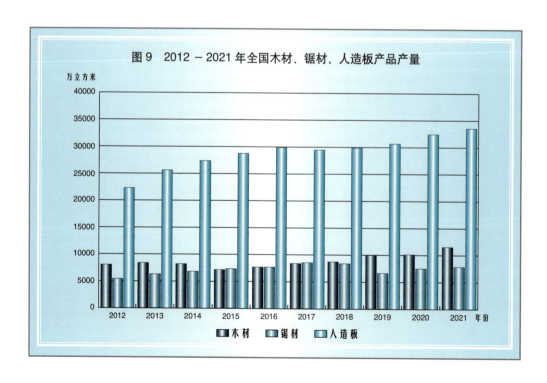

图9 2012－2021年全国木材、锯材、人造板产品产量

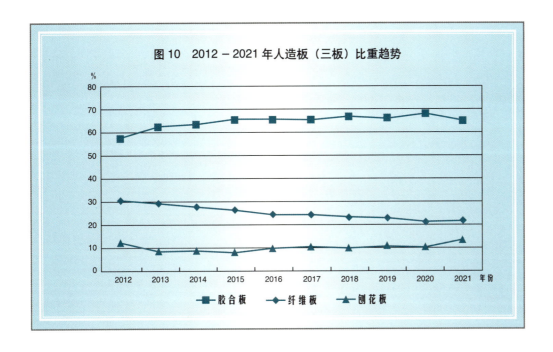

图10　2012－2021年人造板（三板）比重趋势

林产化工产品　全国松香类产品产量103.01万吨，比2020年减少3257吨，同比减少0.32%。

经济林产品　全国各类经济林产品产量为20726.50万吨，同比增长3.79%。其中，水果产量最高，为16796.28万吨，同比增长2.75%，占经济林产品产量的81.04%；木本油料、森林药材和林产工业原料产品产量大幅增加，分别比2020年增长16.05%、21.14%和20.59%；茶油产量88.94万吨。协调财政部安排林业改革发展资金6.63亿元，支持安徽等8个省（自治区）营造油茶林8.8万公顷。

林下经济　全国林下经济经营和利用林地面积超过0.4亿公顷，各类经营主体超过90万个，总产值稳定在1万亿元左右。认定北京市怀柔区平安富兴种植专业合作社等123家单位为第五批国家林下经济示范基地，截至2021年，国家林下经济示范基地总数已达649个。河北省安国中药材产业示范园区等59家园区被认定为国家林业产业示范园区。

林草旅游与休闲　林草旅游与休闲人次为32.89亿人次，比2020年增加1.21亿人次，全年旅游收入14447.31亿元，直接带动的其他产业产值10307.36亿元。其中，2021年生态旅游游客量总计20.93亿人次，同比增长12.04%。

会展经济　与浙江省人民政府联合举办第14届中国义乌国际森林产品博览会，来自23个国家和地区的1878家企业参展，到会客商10.2万人次，累计实现成交额18.5亿元。与中国花卉协会和上海市人民政府联合主办第十届中国花卉博览会，国内外参展单位共189个，入园参观人数212.6万人次，网上观展人数达2408万人次。与四川省人民政府和国际竹藤组织联合主办第十一届中国竹文化节，共有130多家企业的716种产品参展，直播带货访客量201.2万，线上线下交易金额达15.06亿元。

I

P53-75

产品市场

- 木材产品市场供给与消费
- 主要林产品进出口
- 主要草产品进出口

产品市场

2021年，林产品出口和进口分别比2020年增长20.51%和25.10%；其中，木质林产品进出口大幅增长，出口增幅大于进口增幅，在林产品出口中的占比持续下降、进口中的占比回升；非木质林产品进出口中快速增长、出口增速低于进口增速。木材产品市场总供给（总消费）为56648.65万立方米，比2020年增长2.08%；其中，国内供给大幅扩大、进口较快下降，但进口量仍超国内供给量；国内实际消费与2020年基本持平、出口大幅增加。木材产品进出口价格水平大幅上涨、出口价格涨幅远低于进口价格涨幅。草产品出口33.96万元，进口9.27亿美元、比2020年增长28.75%；出口以草种子为主、进口以草饲料为主。

（一）木材产品市场供给与消费

1. 木材产品供给

2021年木材产品市场总供给为56648.65万立方米（图11），比2020年增长2.08%，其中，国内供给占48.41%，进口占51.59%。

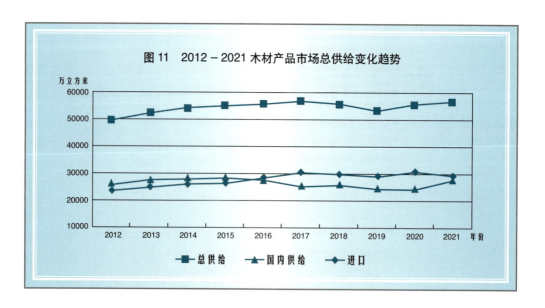

图11　2012－2021木材产品市场总供给变化趋势

国内供给　原木产量10330.64万立方米、薪材产量（不符合原木标准的木材）1258.73万立方米，分别比2020年增长12.51%和17.12%；木质纤维板产量6053.61万立方米、木质刨花板产量3963.07万立方米，分别比2020年增长1.98%和32.03%，扣除与薪材产量的重复计算部分，二者相当于净折合木材供给15834.13万立方米。

进口　原木6357.47万立方米，锯材（含特形材）3797.65万立方米，单板和人造板1105.57万立方米，纸浆及纸类（木浆、纸和纸板、废纸和废纸浆、印刷品）14899.99万立方米，木片2811.55万立方米，家具、木制品及木炭252.92万立方米。

2. 木材产品消费

2021年木材产品市场总消费为56648.65万立方米，比2020年增长2.08%。其中，国内消费占78.42%，出口占21.58%（图12）。

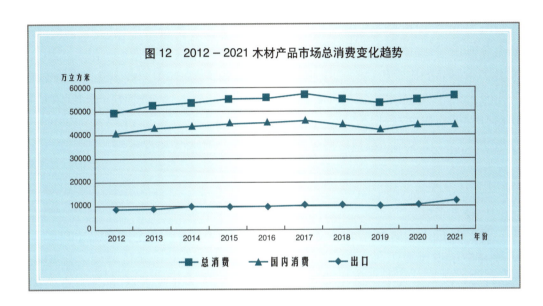

图12　2012－2021木材产品市场总消费变化趋势

国内消费　国内消费包括工业与建筑用材消费。建筑业用材（含装修与装饰用材）17103.52万立方米、家具用材（指国内家具消费部分，出口家具耗材包括在出口项目中）6718.94万立方米、化纤业用材1379.65万立方米，分别比2020年增长4.88%、13.51%和5.98%；造纸业用材16946.18万立方米，煤炭业用材581.92万立方米，包装、车船制造、林化等其他部门用材1605.02万立方米，分别比2020年下降7.16%、6.73%和17.10%。

出口　按原木当量折合，原木1.07万立方米，锯材（含特形材）54.78万立方米，单板和人造板3910.43万立方米，纸浆及纸类（木浆、纸和纸板、废纸和废纸浆、印刷品）2905.66万立方米，家具4966.18万立方米，木片、木制品和木炭387.72万立方米。

其他　增加库存等形式形成的木材消耗为87.58万立方米。

3. 木材产品市场供需特点

国内供给大幅扩大、进口较快下降，总供给低速增长　原木、薪材和刨花板产量大幅增长，木质纤维板产量略有扩大，国内实际供给增长11.55%；锯材、人造板、木浆、纸和纸产品、废纸进口量大幅下降，原木、单板、废纸浆、木片进口量大幅增加，木质林产品进口总量下降5.45%，在木材产品总供给中的份额降低4.11个百分点。

国内实际消费基本持平、出口大幅增加，实际总消费（国内生产消费与出口）低速增长 建筑业、家具和化纤业用材消耗较大幅增长，造纸和煤炭业用材消耗大幅下降，实际国内消费与2020年基本持平；人造板、木质家具和木制品的出口量快速增长，纸和纸板出口小幅扩大，木质林产品出口总量增长15.93%，在木材产品总消费中的份额提高2.40个百分点。

进出口价格大幅上涨、出口价格涨幅远低于进口价格涨幅 按综合价格指数计算，2021年木质林产品（不含印刷品）总体出口价格水平和进口价格水平分别上涨9.78%和23.35%，其中，锯材、特形材、单板、人造板、纸和纸板、家具、木制品的出口价格分别上涨6.48%、12.30%、9.70%、17.44%、6.54%、11.14%和9.03%；原木、锯材、人造板、木浆、废纸浆、纸和纸板、木片的进口价格分别提高29.92%、16.57%、27.77%、31.98%、40.87%、19.93%、5.96%，单板、特形材和木制品进口价格分别下降33.60%、5.45%和22.03%。

（二）主要林产品进出口

1. 基本态势

林产品进出口大幅增长、进口增幅大于出口增幅；在全国商品出口和进口贸易中所占比重下降 林产品进出口贸易总额为1850.36亿美元，比2020年增长22.77%；其中，出口921.56亿美元，比2020年增长20.51%，占全国商品出口额的2.74%，比2020年下降0.21个百分点；进口928.80亿美元，比2020年增长25.10%，占全国商品进口额的3.46%、比2020年下降0.16个百分点（图13）。

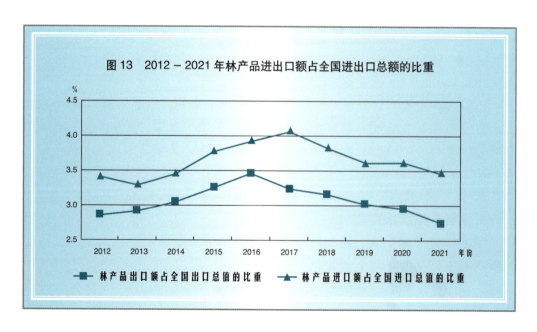

图13 2012－2021年林产品进出口额占全国进出口总额的比重

进出口贸易产品构成以木质林产品为主，且木质林产品的进口份额回升、出口份额持续下降　林产品进出口贸易总额中，木质林产品占67.02%，比2020年提高0.24个百分点；其中，出口额中木质林产品占75.72%、比2020年提高3.30个百分点，进口额中木质林产品占58.39%、比2020年下降2.59个百分点（图14）。

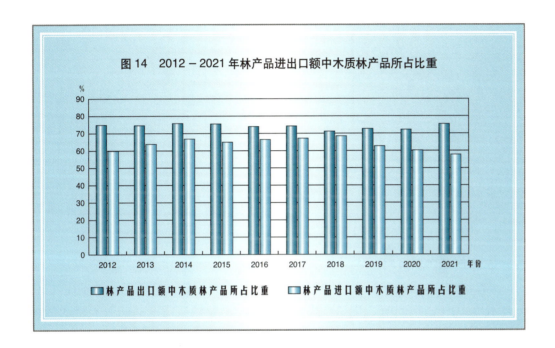

林产品出口市场主要集中于亚洲、北美洲和欧洲，但市场集中度下降，美国是林产品的最大出口贸易伙伴；进口市场主要集中于亚洲和欧洲，市场集中度提高，泰国取代俄罗斯成为最大进口贸易伙伴　与2020年比，出口总额中亚洲份额下降3.27个百分点，北美洲、欧洲和拉丁美洲的份额分别提高1.57、1.08和0.80个百分点。进口总额中亚洲份额提高3.84个百分点，北美洲、大洋洲和拉丁美洲份额分别下降1.46、1.08和0.72个百分点。从主要贸易伙伴看（图15），前5位出口贸易伙伴的市场份额比2020年提高0.60个百分点，其中，美国份额提高1.46个百分点，越南和日本的份额分别下降0.88和0.59个百分点；前5位进口贸易伙伴的市场份额与2020年基本持平，其中，泰国和印度尼西亚的份额分别提高12.69和4.31个百分点，俄罗斯、巴西、加拿大和美国的份额分别下降4.45、3.42、3.35和3.20个百分点。

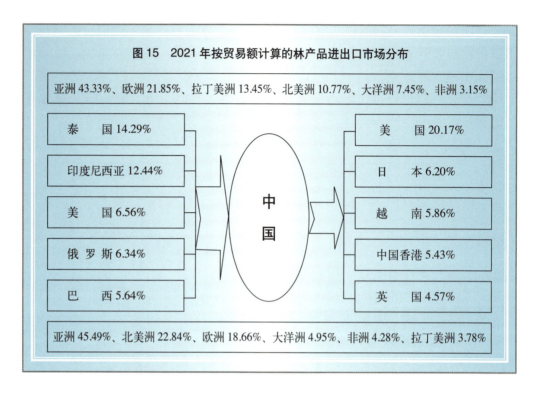

2. 木质林产品进出口

2021年，木质林产品出口697.83亿美元、进口542.36亿美元，分别比2020年增长26.01%和19.80%。出口额中，木家具、纸及纸浆类产品的份额超过75%（图16），与2020年比，纸及纸浆类产品的份额下降2.81个百分点，人造板、木制品和木家具的份额分别提高1.56、0.72和0.55个百分点；进口额的近90%为纸及纸浆类产品、原木和锯材类产品（图17），与2020年比，原木的份额提高2.82个百分点，锯材类产品和木制品的份额分别降低2.28和0.72个百分点。

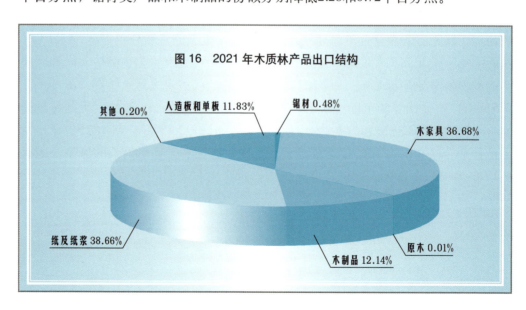

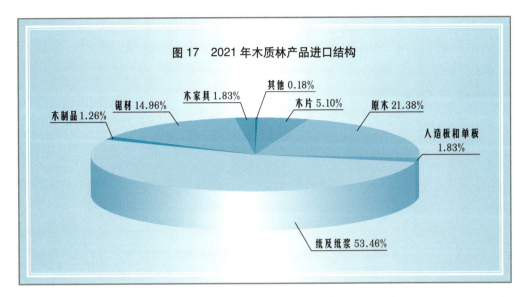

图17　2021年木质林产品进口结构

从市场结构看，按贸易额，前5位出口贸易伙伴为：美国23.70%、日本5.84%、英国5.39%、澳大利亚5.08%、越南4.09%。前5位进口贸易伙伴为：俄罗斯10.48%、巴西9.12%、印度尼西亚9.07%、美国8.21%、加拿大7.08%。

原木　出口1.07万立方米、合0.04亿美元，分别比2020年减少50.92%和33.33%，全部为阔叶材。进口6357.47万立方米、合115.96亿美元，分别比2020年增长6.48%和38.05%，其中，针叶材进口4987.41万立方米、合78.82亿美元，进口量值分别比2020年增长6.54%和44.28%。阔叶材进口1370.06万立方米、合37.14亿美元，分别比2020年增长6.25%和26.46%（图18）。

从价格看，原木平均出口价格为373.83美元/立方米、平均进口价格为182.40美元/立方米，分别比2020年上涨35.82%和29.66%；针叶材和阔叶材的平均进口价格分别为158.04美元/立方米和271.08美元/立方米，分别比2020年提高35.42%和19.02%。

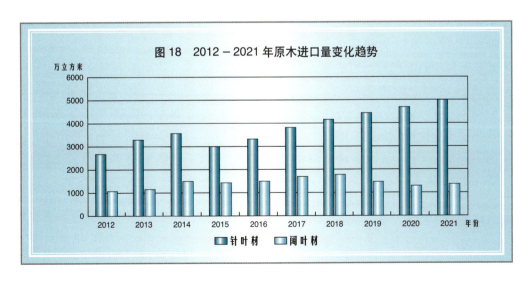

图18　2012—2021年原木进口量变化趋势

2021年原木进口市场格局变化明显，俄罗斯、巴布亚新几内亚的份额下降，新西兰、乌拉圭和巴西等的份额快速提高，市场集中度进一步提高（表3）。

表3　2021年原木进口额的前5位贸易伙伴份额变化情况

原木			针叶材			阔叶材		
贸易伙伴	2021年份额（%）	比2020年变化（百分点）	贸易伙伴	2021年份额（%）	比2020年变化（百分点）	贸易伙伴	2021年份额（%）	比2020年变化（百分点）
新西兰	28.95	6.43	新西兰	42.39	7.90	巴布亚新几内亚	13.28	-3.09
德国	16.62	1.77	德国	23.11	1.62	美国	11.74	1.27
美国	8.52	0.61	美国	7.00	0.46	俄罗斯	9.95	0.62
俄罗斯	7.13	-1.81	俄罗斯	5.80	-2.93	所罗门群岛	8.57	-2.13
巴布亚新几内亚	4.25	-1.47	乌拉圭	3.56	1.82	法国	5.45	1.49
合计	65.47	5.40	合计	81.86	1.96	合计	48.99	-4.05

原木进口数量市场结构和价格变化的主要原因：一是国内经济和固定资产投资增速回升，虽然国内木材产量提高，以及建筑装修和家具业不景气，减缓了对进口木材需求总量的增长；但基建用材需求的扩大、家具产量和出口量的增长以及对锯材进口量大幅下降的替代效应，拉动原木进口数量较快增长。二是受运费和国际大宗商品价格上涨的推动，加上美欧建筑家装用材需求增加导致的木材价格上扬的外溢效应，原木进口价格大幅提高；同时，由于进口自俄罗斯、巴西、乌拉圭的原木价格相对较低，这些国家在我国原木进口量中的份额变化一定程度上影响原木进口价格总体水平的涨幅。三是出口国的原木出口政策以及国际经贸关系的变化，是影响原木进口市场格局的重要因素。一方面由于澳大利亚基本退出中国原木市场、进口自捷克的原木数量大幅下降所形成的市场空缺，推动自新西兰、德国的针叶原木进口量大幅增长的同时，自乌拉圭和巴西的针叶原木进口量成倍增长，促进了拉丁美洲国家原木进口市场的快速拓展。另一方面，受原木出口政策的影响，加上因疫情导致运输不畅，从俄罗斯进口的原木数量与2020年基本持平，但其中的针叶原木大幅减少、阔叶原木数量快速增长；从巴布亚新几内亚、所罗门群岛等太平洋岛国的进口的阔叶原木数量大幅减少的同时，从巴西进口的阔叶原木快速增长。

锯材 锯材（不包括特形材）出口28.71万立方米，合1.89亿美元，分别比2020年增长20.94%和26.00%；其中，针叶材出口12.64万立方米、阔叶材出口16.07万立方米，分别比2020年增长36.21%和11.13%。进口2884.16万立方米、合78.56亿美元，与2020年比进口量下降14.61%、进口额增长2.75%；其中，针叶材进口1960.00万立方米、比2020年下降21.56%，阔叶材进口924.16万立方米、比2020年增长5.14%（图19）。从产品构成看，进口总量中，针叶材占67.96%，比2020年降低6.02个百分点。从价格看，针叶材的平均出口价格为506.33美元/立方米、比2020年下降12.99%，平均进口价格为221.28美元/立方米、比2020年提高26.38%；阔叶材的平均出口价格777.85美元/立方米、平均进口价格为380.78美元/立方米，分别比2020年上涨17.16%和2.33%。

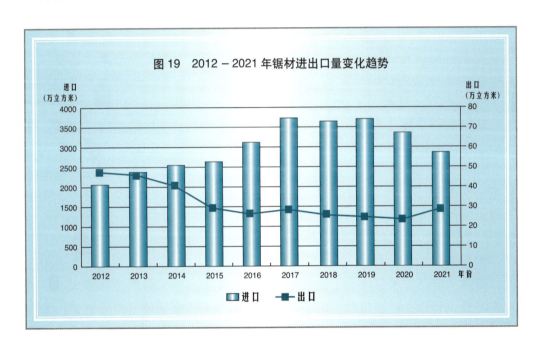

图19 2012－2021年锯材进出口量变化趋势

从市场结构看，锯材出口市场主要集中于日本、越南和韩国，市场集中度小幅下降（表4）；针叶材进口市场格局变化明显，北美洲和欧洲市场份额向俄罗斯和拉丁美洲转移，市场集中度提高；阔叶材进口的市场格局总体稳定，市场集中度提高（表5）。

表4 2021年锯材出口额的前5位贸易伙伴份额变化情况

贸易伙伴	日本	越南	韩国	美国	德国	合计
2021年份额（%）	45.55	17.33	10.04	6.89	3.15	82.96
比2020年变化（百分点）	－1.88	3.05	1.15	－6.39	0.20	－3.87

表5 2021年锯材进口额的前5位贸易伙伴份额变化情况

锯材			针叶锯材			阔叶锯材		
贸易伙伴	2021年份额（%）	比2020年变化（百分点）	贸易伙伴	2021年份额（%）	比2020年变化（百分点）	贸易伙伴	2021年份额（%）	比2020年变化（百分点）
俄罗斯	38.74	2.19	俄罗斯	63.43	4.67	泰国	28.92	−0.14
泰国	12.96	0.53	加拿大	8.92	−2.07	美国	24.39	2.13
美国	11.47	1.35	乌克兰	4.68	0.74	俄罗斯	8.32	1.47
加拿大	5.76	−1.64	芬兰	4.11	−0.34	加蓬	6.50	−0.89
加蓬	2.91	−0.25	智利	3.23	0.51	罗马尼亚	3.21	0.70
合计	71.84	2.18	合计	84.37	2.26	合计	71.34	2.73

特形材出口7.93万吨、合1.43亿美元；进口21.93万吨、合2.58亿美元。其中，木地板条出口6.93万吨、合1.23亿美元，分别比2020年增长1.61%和19.42%；进口2.42万吨、合0.55亿美元，分别比2020年增长157.45%和139.13%。

从特形材市场分布看，按贸易额，前5位出口贸易伙伴的市场份额为：日本35.38%、美国24.98%、韩国10.86%、英国6.04%、澳大利亚3.80%；与2020年比，5位出口贸易伙伴的总份额下降4.86个百分点，其中，美国、韩国和英国的份额分别下降8.37、0.88和0.51个百分点，日本的份额提高5.14个百分点。主要进口市场份额为：印度尼西亚75.48%、缅甸18.91%，与2020年比，缅甸的份额增加8.87个百分点，印度尼西亚的份额下降7.66个百分点。

锯材进口数量、结构与价格变化的主要原因：一是与经济增长态势相适应，国内木材总需求总体处于缓慢增长阶段，加上国内木材产量和原木进口数量的增长，导致锯材进口数量的下降。二是由于美欧家装建材市场复苏，木制品需求扩大、价格上涨，在一定程度上分流了加拿大、欧洲国家对我国的锯材出口；加上疫情影响，国外锯材生产开工不足、运输不畅造成锯材供给偏紧，导致锯材进口数量下降的同时，俄罗斯和东南亚的市场份额提高、北美和欧洲的市场份额下降。三是虽然国内建筑装修和家具市场的不景气，但家具生产和出口量较快增长，拉动阔叶材的需求扩大、进口增加。四是运费和国际大宗商品价格上涨，美欧建筑用材需求增加导致的木材价格上扬的外溢效应，以及针叶材和阔叶材主要进口市场的区位差异等因素，推动针叶材进口价格大幅上涨、阔叶材进口价格小幅提高、锯材进口总体价格水平大幅上扬。

单板 出口57.45万立方米、合8.01亿美元，其中，阔叶单板出口56.82万立方米、合7.89亿美元，分别比2020年增长33.41%和50.00%；单板进口345.61万立方米、合3.80亿美元，其中，阔叶单板进口320.25万立方米、合3.42亿美元，分别比2021年增长121.14%和48.70%。

从市场分布看，按贸易额计，前5位出口贸易伙伴的市场份额为：越南39.19%、柬埔寨13.90%、印度9.38%、印度尼西亚6.15%、中国台湾5.08%；与2020年比，前5位出口贸易伙伴的总份额提高9.57个百分点，其中，越南、柬埔寨和印度的份额分别提高6.78、2.25和1.24个百分点，新加坡的份额下降5.27个百分点。前5位进口贸易伙伴的市场份额为：越南45.06%、俄罗斯16.65%、泰国4.95%、加蓬4.33%、缅甸3.55%，与2020年相比，前5位进口贸易伙伴的总份额提高2.37个百分点，其中，越南、泰国和缅甸的份额分别提高11.70、1.34和1.13个百分点，加蓬、俄罗斯和喀麦隆的份额分别下降4.43、4.12和2.27个百分点。

人造板 胶合板、纤维板和刨花板出口额分别为58.19亿美元、12.02亿美元和4.27亿美元，分别比2020年增长40.15%、44.99%和161.96%；胶合板、纤维板和刨花板进口额分别为1.52亿美元、1.32亿美元和3.23亿美元，分别比2020年增长17.83%、22.22%和25.19%。

"三板"出口额中，胶合板、纤维板和刨花板的比重分别为78.13%、16.14%和5.73%，与2020年比，胶合板的比重下降2.58个百分点，刨花板的比重提高2.56个百分点；"三板"进口额中，胶合板、纤维板和刨花板的份额分别为25.04%、21.75%和53.21%，与2020年比，胶合板的份额下降1.02个百分点，刨花板的份额提高1.09个百分点。"三板"出口数量与价格变化详见表6。

表6 2021年"三板"进出口数量与价格变化情况

产品		出口量		出口平均价格		进口量		进口平均价格	
		数量（万立方米）	比2020年增减（%）	价格（美元/立方米）	比2020年增减（%）	数量（万立方米）	比2020年增减（%）	价格（美元/立方米）	比2020年增减（%）
胶合板		1226.27	18.08	474.53	18.69	15.92	−28.93	954.77	65.79
纤维板		316.01	55.75	380.37	−6.91	17.84	−9.85	739.91	35.58
其中	硬质板	15.47	7.58	627.02	9.96	3.68	−4.66	733.70	18.00
	中密度板	300.20	59.94	367.42	−7.43	13.99	−11.29	750.54	42.60
	绝缘板	0.34	−58.02	588.24	58.82	0.16	0.00	625.00	0.00
刨花板		88.22	134.32	484.02	11.80	113.10	−4.75	285.59	31.44
其中：OSB		43.79	224.85	447.59	47.16	28.00	−9.50	307.14	25.04

2021年，人造板进出口总量与结构变化的主要原因：一是虽然木质家具产量和出口量增长，对优质人造板的需求量增加，但国内房地产和家装市场不景气，加上国内人造板产量的扩大，以及人造板进口价格的大幅上涨，导致进口人造板进口量下降；二是美欧和日本家装建材市场复苏，对木制品需求扩大，拉动胶合板出口量的快速增长；同时，由于越南、中东地区等纤维板出口传统

市场的需求扩大，加上墨西哥等新市场的开拓，纤维板出口大幅增长；三是随着我国刨花板行业产能扩大和产品质量提高，刨花板出口高速增长的同时，刨花板的进口量明显下降。

从市场分布看（图20），胶合板出口市场相对分散，但集中度小幅提高；进口市场变化明显，集中度小幅下降。纤维板出口市场变化明显，集中度明显降低；进口市场主要集中在欧洲，且市场份额由大洋洲向欧洲转移，市场集中度持续较大幅度提高。刨花板出口市场相对分散、变化明显，中东和东南亚的市场份额向拉丁美洲和英国转移，市场集中度大幅提高；进口高度集中于欧洲、东南亚、俄罗斯和巴西。

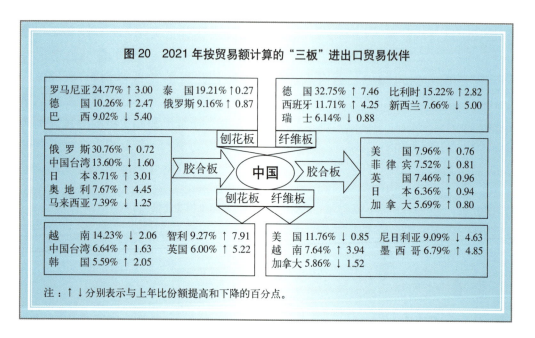

图20 2021年按贸易额计算的"三板"进出口贸易伙伴

注：↑↓分别表示与上年比份额提高和下降的百分点。

木家具 出口4.51亿件、合256.00亿美元，分别比2020年增长16.84%和27.96%；进口696.57万件、合9.95亿美元，与2020年比，进口量下降13.23%，进口额增长9.10%（图21）；贸易顺差为246.05亿美元，比2020年扩大28.86%。

从产品结构看，按贸易额，出口中各类木家具的份额为：木框架坐具41.33%、卧室用木家具11.42%、办公用木家具5.34%、厨房用木家具3.64%、其他木家具38.27%；与2020年比，其他木家具的份额分别提高2.15个百分点，卧室用木家具和厨房用木家具的份额分别下降1.56和0.67个百分点。进口中各类木家具的份额为：木框架坐具31.15%、厨房用木家具17.19%、卧室用木家具16.08%、办公用木家具1.81%、其他木家具33.77%；与2020年比，木框架坐具和卧室用木家具的份额分别提高4.29和0.62个百分点，厨房用木家具、其他木家具和办公用木家具的份额分别下降2.00、1.98和0.93个百分点。各类木家具进出口额和价格变化详见表7。

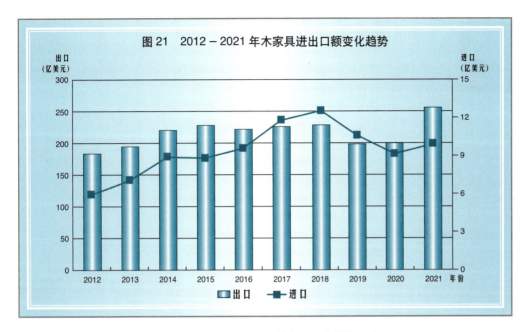

图21　2012-2021年木家具进出口额变化趋势

表7　2021年各类木家具进出口额和价格变化

类别	出口额(亿美元)	出口额增长率(%)	进口额(亿美元)	进口额增长率(%)	出口平均价格(美元/件)	出口平均价格增长率(%)	进口平均价格(美元/件)	进口平均价格增长率(%)
木框架坐具	105.82	29.36	3.10	26.53	84.66	15.91	196.54	44.28
办公用木家具	13.66	19.72	0.18	−28.00	44.06	4.26	106.01	27.80
厨房用木家具	9.31	8.00	1.71	−2.29	44.33	2.85	132.13	−7.48
卧室用木家具	29.24	12.59	1.60	13.48	81.22	3.20	367.06	46.95
其他木家具	97.97	35.58	3.36	3.07	41.16	10.50	96.32	22.25

从市场分布看，依贸易额，前5位出口贸易伙伴的份额为：美国31.80%、英国6.70%、澳大利亚6.05%、日本5.80%、韩国5.06%；与2020年比，前5位出口贸易伙伴的总份额下降0.97个百分点，其中，日本和澳大利亚的份额分别下降0.89和0.60个百分点，美国的份额提高0.85个百分点。前5位进口贸易伙伴的份额为：意大利44.25%、德国15.39%、越南9.36%、波兰5.16%、立陶宛3.39%；与2020年相比，前5位进口贸易伙伴的总份额提高2.41个百分点，其中，意大利的份额提高7.20个百分点，德国、越南和波兰的份额分别下降1.92、1.84和0.96个百分点。

家具进出口规模与结构变化的主要原因：一是欧美国家建筑家装市场复苏，对家具需求扩大，同时，随着新兴市场的开拓，对"一带一路"共建国家和拉丁美洲的木家具出口大幅扩大，拉动木家具出口量的快速增长。二是因疫情影响导致的运输不畅，以及运费大涨，一定程度上减缓了木家具出口增速。

二是由于国内房地产家装市场低迷，家具需求减少，导致家具进口规模下降。

木制品 出口84.73亿美元、进口6.84亿美元，与2020年比，出口增长34.00%、进口下降23.92%。从产品构成，各类木制品进出口增幅差异大、份额变化明显。木制品进出口额与构成变化详见表8。

表8 2021年木制品进出口额与构成变化

产品类型	增长率（%）		贸易额构成（%）		构成变化（百分点）	
	出口额	进口额	出口额	进口额	出口额	进口额
建筑用木工制品	29.04	17.5	16.10	13.74	-0.62	4.84
木制餐具及厨房用具	71.05	-7.14	6.90	3.80	1.49	0.69
木工艺品	25.30	61.90	26.07	4.97	-1.81	2.63
其他木制品	36.51	-31.17	50.93	77.49	0.94	-8.16

从市场分布看，依贸易额，前5位出口贸易伙伴的份额依次为：美国34.44%、日本7.86%、英国5.92%、澳大利亚4.75%、德国4.45%；与2020年比，前5位出口贸易伙伴的总份额下降0.29个百分点，其中，日本的份额下降0.85个百分点、澳大利亚的份额提高0.66个百分点。前5位进口贸易伙伴的份额分别为：印度尼西亚39.31%、厄瓜多尔16.09%、俄罗斯5.52%、意大利3.67%、德国3.46%，与2020年比，前5位出口贸易伙伴的总份额降低12.80个百分点，其中，厄瓜多尔的份额降低29.43个百分点，印度尼西亚、意大利、德国和俄罗斯的份额分别提高12.92、1.59、1.38和0.74个百分点。

纸类 纸类产品出口269.76亿美元、进口289.96亿美元，分别比2020年增长17.46%和19.97%。出口产品主要是纸和纸制品，占纸类产品出口总额的89.58%，比2020年下降1.34个百分点；进口产品以木浆、纸和纸制品为主，但回收纸浆的份额明显提高，分别占纸类产品进口总额的65.40%、30.45%和3.57%，与2020年比，废纸的份额下降4.54个百分点，木浆和回收纸浆的份额分别提高2.96和1.48个百分点。

纸和纸制品出口922.22万吨（图22）、合241.65亿美元，分别比2020年增长1.86%和15.73%；进口1192.68万吨（图22）、合88.28亿美元，与2020年比，进口量下降4.90%、进口额增长20.39%；平均出口价格为2620.31美元/吨、平均进口价格为740.18美元/吨，分别比2020年上涨13.61%和26.60%。

木浆（不包括从回收纸和纸板中提取的纤维浆）出口7.69万吨、合0.70亿美元，分别比2020年增长114.80%和180.00%；进口2721.57万吨（图23）、合189.62亿美元，与2020年比，进口量下降5.46%、进口额增长25.64%；平均出口价格为910.27美元/吨、平均进口价格为696.73美元/吨，分别比2020年上涨30.35%和32.90%。

回收纸浆进口244.31万吨（图23）、合10.35亿美元，分别比2020年增长45.32%和104.55%；平均进口价格为423.64美元/吨，比2020年上涨40.75%。

废纸进口53.75万吨（图23）、合1.32亿美元，分别比2020年下降92.20%和89.07%；平均进口价格为245.58美元/吨，比2020年上涨40.12%。

从市场分布看（图24），2021年，木浆和纸类产品进出口市场分布总体变化不大，但木浆进口的市场集中度略降，纸和纸制品出口市场集中度小幅提高、进口市场集中度明显下降；回收纸浆进口的市场格局变化明显，市场份额向东南亚市场转移、集中度大幅提高；由于禁止废纸进口政策的实施，废纸进口市场基本集中于中国香港。

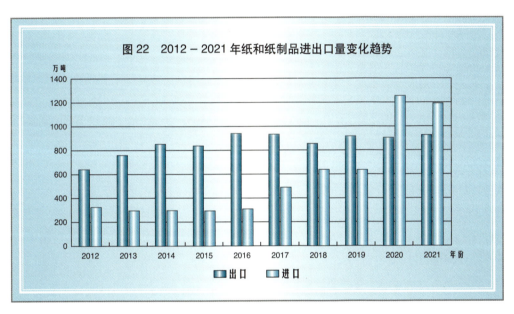

图22　2012－2021年纸和纸制品进出口量变化趋势

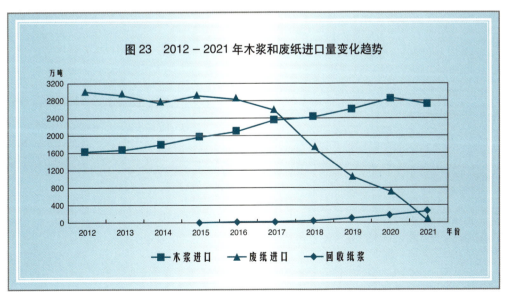

图23　2012－2021年木浆和废纸进口量变化趋势

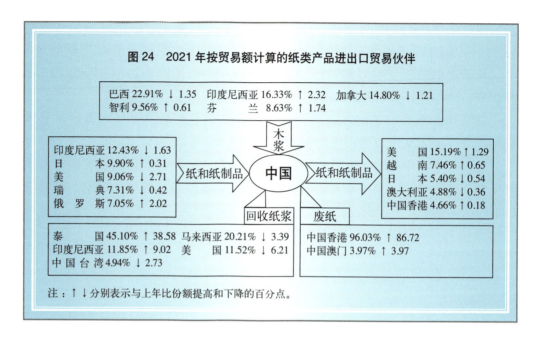

木片 进口1561.97万吨（图25）、合27.64亿美元，分别比2020年增长15.48%和22.03%；进口额中，非针叶木片占94.14%，比2020年下降3.70个百分点。

从市场分布看，依进口额，前5位贸易伙伴的份额为：越南49.22%、澳大利亚22.69%、智利7.05%、巴西5.18%、泰国4.22%，与2020年比，前5位进口贸易伙伴的总份额降低6.77个百分点，其中，智利、澳大利亚和越南的份额分别下降4.50、1.60和0.91个百分点。

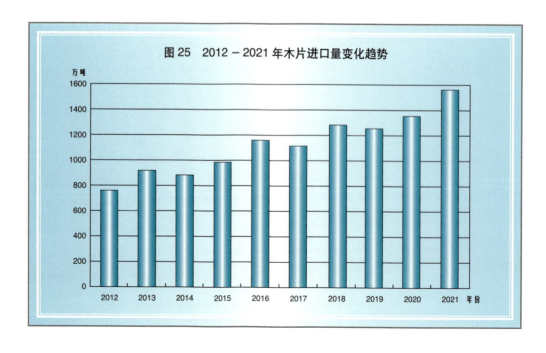

3. 非木质林产品进出口

2021年，非木质林产品出口223.73亿美元、进口386.44亿美元，分别比2020年增长6.07%和33.38%。

从产品结构看（图26、图27），与2020年相比，出口额中，果类，调料、药材、补品类的份额分别下降5.29和1.72个百分点，林化产品，竹、藤、软木类和茶、咖啡、可可类的份额分别提高3.85、1.83和1.23个百分点。进口额中，森林蔬菜、木薯类，林化产品的份额分别提高1.70和0.54个百分点；果类，调料、药材、补品类的份额分别下降1.13和0.98个百分点；其他产品的份额变化微小。

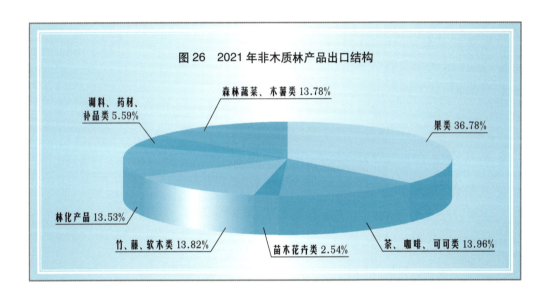

图26　2021年非木质林产品出口结构

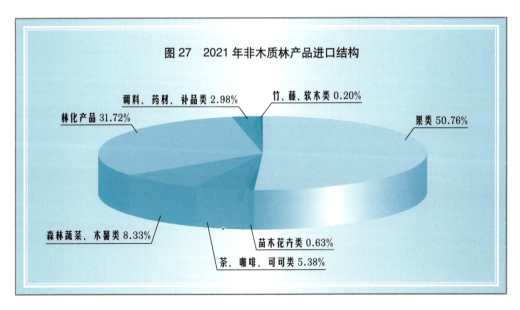

图27　2021年非木质林产品进口结构

从市场分布看，按贸易额，前5位出口贸易伙伴的份额为：越南11.40%、中国香港9.70%、美国9.15%、日本7.33%、泰国5.89%；与2020年比，前5位出口贸易伙伴的总份额下降1.64个百分点，其中，越南和泰国的份额分别下降2.67和1.25个百分点，中国香港和美国的份额提高1.81和0.88个百分点。前5位进口贸易伙伴的份额为：泰国29.02%、印度尼西亚17.16%、马来西亚8.29%、智利7.12%、法国6.62%；与2020年比，前5位出口贸易伙伴的总份额提高4.85个百分点，其中，泰国、印度尼西亚和法国的份额分别提高5.73、2.13和1.08个百分点，马来西亚、越南和智利的份额下降1.58、1.45和1.24个百分点。

果类 出口82.28亿美元、进口196.17亿美元，与2020年比，出口下降7.27%、进口增长30.49%。从产品类别看（表9），果类出口额和进口额中近3/4为干鲜果和坚果，但出口份额明显下降、进口份额略有提高；果类加工品出口额中超过55%为果类罐头和果汁、进口额中70%以上为果酒和饮料。

表9 2021年果类产品贸易额构成及变化

产品类别		贸易额构成（%）		构成变化（百分点）	
		出口额	进口额	出口额	进口额
干鲜果和坚果		73.08	74.37	−3.40	0.86
果类加工品		26.23	24.60	3.26	−1.05
其中：	果类罐头	32.14	0.52	−1.31	0.03
	果汁	23.67	11.23	−1.78	2.05
	果酒和饮料	7.09	70.22	3.41	−2.81
	其他果类加工品	37.10	15.44	−0.32	0.19
其他果类产品		0.69	1.03	0.14	0.19

从市场分布看，按贸易额，前5位出口贸易伙伴的份额为：越南17.96%、泰国9.96%、美国8.87%、印度尼西亚7.96%、菲律宾6.22%；与2020年比，前5位贸易伙伴的份额下降5.05个百分点，其中，越南、泰国和菲律宾的份额分别下降3.66、1.10和0.66个百分点。前5位进口贸易伙伴的份额为：泰国33.48%、智利13.97%、法国12.56%、美国6.72%、越南5.70%；与2020年比，前5位贸易伙伴的总份额提高2.84个百分点，其中，泰国、法国和美国的份额分别提高6.06、2.33和0.68个百分点，澳大利亚、智利和越南的份额下降5.26、2.19和1.36个百分点。

林化产品 出口30.26亿美元、进口122.56亿美元，分别比2020年增长48.19%和35.68%。从类别看，出口产品主要是柠檬酸及加工品、松香及加工品、咖啡因及其盐，三者总份额为59.95%，比2020年下降2.83个百分点。柠檬酸及加工品、咖啡因及其盐的进出口量值大幅增长、价格上涨，松香及加工品出口量减值增（表10）。进口产品主要是棕榈油及分离品、天然橡胶与树胶，二者总份额为86.97%，比2020年提高7.14个百分点；进口量值和价格大幅增长（表11）。

表10　2021年大宗林化产品出口量值与出口价格变化情况

商品名称	数量（万吨）	数量同比（%）	金额（亿美元）	金额同比（%）	金额占比（%）	比重变动（百分点）	价格（美元/吨）	价格同比（%）
柠檬酸及加工品	132.67	13.64	13.71	48.19	45.31	8.97	1033.39	62.60
松香及加工品	8.76	−5.30	2.41	84.77	7.96	−0.41	2751.14	48.82
咖啡因及其盐	1.87	27.21	2.02	40.94	6.68	−0.13	10802.14	14.24

表11　2021年大宗林化产品进口量值与进口价格变化情况

商品名称	数量（万吨）	数量同比（%）	金额（亿美元）	金额同比（%）	进口额占比（%）	比重变动（百分点）	价格（美元/吨）	价格同比（%）
棕榈油及分离品	700.45	8.32	68.00	64.49	55.48	9.71%	970.80	51.86
天然橡胶与树胶	238.57	3.80	38.59	25.41	31.49	−2.57%	1617.55	20.82

从市场分布看，按贸易额，前5位出口贸易伙伴的份额为：美国7.94%、日本7.59%、德国6.17%、印度6.09%、韩国5.80%；与2020年比，前5位贸易伙伴的总份额下降1.62个百分点，其中，日本和美国的份额分别下降0.90和0.78个百分点。前5位进口贸易伙伴的份额为：印度尼西亚45.00%、马来西亚19.94%、泰国16.43%、越南2.82%、科特迪瓦2.59%，与2020年比，前5位贸易伙伴的总份额提高3.19个百分点，其中，印度尼西亚和泰国的份额分别提高7.14和2.35个百分点，马来西亚、老挝和越南的份额下降5.41、1.40和0.50个百分点。

森林蔬菜、木薯类　出口30.83亿美元。其中，食用菌类出口28.08亿美元、竹笋出口2.63亿美元，分别比2020年增长4.46%和4.78%。进口32.18亿美元，其中，木薯产品进口32.10亿美元，比2020年增长67.71%。贸易逆差1.35亿美元。

从市场结构看，按贸易额，前5位出口贸易伙的份额为：中国香港21.60%、越南16.33%、日本11.50%、马来西亚8.22%、泰国7.59%；与2020年比，前5位出口贸易伙伴的总份额下降2.69个百分点，其中，马来西亚和泰国的份额分别下降5.70和3.36个百分点，中国香港的份额提高6.73个百分点。主要进口贸易伙伴的市场份额分别为：泰国80.60%、越南13.72%；与2020年比，泰国的份额提高

11.13个百分点、越南的份额下降11.51个百分点。

茶、咖啡、可可类 出口31.22亿美元、进口20.80亿美元，分别比2020年增长16.23%和36.04%。其中，茶叶、咖啡类产品、可可类产品的出口额分别为22.99亿美元、1.02亿美元和4.36亿美元；与2020年比，茶叶和可可类产品出口额分别增长12.81%和33.33%，咖啡类产品出口额下降26.09%；茶叶、咖啡类产品、可可类产品的进口额分别为1.85亿美元、5.26亿美元和10.45亿美元，分别比2020年增长68.05%、2.78%和32.95%。茶、咖啡、可可类产品进出口变化详见表12。从产品构成看，出口额中，茶叶、咖啡类产品、可可类产品的份额分别为73.64%、3.27%和13.96%；与2020年比，茶叶和咖啡类产品的份额分别下降2.23和1.87个百分点，可可类产品的份额提高1.79个百分点。进口额中，茶叶、咖啡类产品、可可类产品的份额分别为8.89%、25.29%和50.24%，与2020年比，茶叶和可可类产品的份额分别下降2.88和1.17个百分点，咖啡类产品的份额提高4.82个百分点。

表12 2021年茶、咖啡、可可类产品进出口变化情况

产品	出口量		出口平均价格		进口量		进口平均价格	
	数量（万吨）	增长率（%）	价格（美元/吨）	同比（%）	数量（万吨）	增长率（%）	价格（美元/吨）	同比（%）
咖啡类产品	2.69	−46.84	3775.30	38.89	12.28	73.94	4287.28	−3.30
茶叶	36.94	5.91	6224.65	6.53	4.68	8.33	3950.67	−5.09
可可类产品	8.64	15.51	5049.62	15.29	26.63	26.45	3922.33	5.13

从市场结构看，茶叶出口市场主要分布于中国香港、东南亚地区和摩洛哥，进口市场高度集中于南亚和中国台湾；可可类产品出口市场主要分布于中国香港、菲律宾、美国和韩国，进口市场主要集中于东南亚、俄罗斯和欧洲；咖啡类产品的出口市场主要分布于德国、美国和俄罗斯，进口市场高度集中于非洲、东南亚、拉丁美洲，份额由东南亚和欧洲市场向非洲市场转移（图28）。

竹、藤、软木类 出口30.92亿美元、进口0.76亿美元，分别比2020年增长22.36%和16.92%。出口以竹餐具及厨房用具、柳及柳编结品（不含家具）、竹及竹编结品（不含家具）为主，竹餐具及厨房用具、柳及柳编结品的份额提高，竹及竹编结品份额下降（表13）；进口以软木及其制品、藤及藤编结品（不含家具）为主，占份额分别为63.16%和21.05%，与2020年比，软木及其制品的份额提高9.31个百分点、藤及藤编结品的份额下降5.10个百分点。

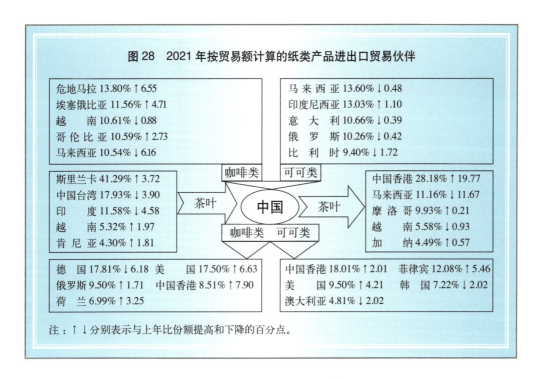

注：↑↓分别表示与上年比份额提高和下降的百分点。

表13 2021年主要竹藤制品出口变化情况

产品	出口量（万吨）	出口量增长（%）	出口额（亿美元）	出口额增长（%）	份额（%）	份额变化（百分点）	贸易差额（亿美元）
竹餐具及厨房用具	26.68	25.73	7.73	35.14	25.00	2.36	7.71
柳及柳编结品	5.81	26.30	5.81	27.69	18.79	0.78	5.80
竹及竹编结品	19.85	3.60	3.93	2.61	12.71	−2.45	3.90
竹藤柳家具	1.39	36.27	2.25	41.51	7.28	0.99	2.22
竹地板和竹特型材	9.78	23.33	1.52	31.03	4.92	0.33	1.52
藤及藤编结品	1.08	28.57	1.03	56.06	3.33	0.72	0.87
竹单板和胶合板	5.36	0.00	0.77	6.94	2.49	−0.36	0.77

从市场结构看，按贸易额，前5位出口贸易伙伴的份额为：美国22.23%、日本6.82%、英国6.49%、荷兰6.46%、德国6.12%；与2020年比，前5位出口贸易伙伴的总份额提高2.35个百分点，其中，美国的份额提高2.57个百分点、日本的份额下降1.06个百分点。前5位进口贸易伙伴的份额为：葡萄牙44.15%、菲律宾10.83%、越南6.55%、马来西亚6.10%、阿尔及利亚5.97%。

调料、药材、补品类 出口12.51亿美元、进口11.53亿美元，与2020年比，出口额下降18.87%、进口额增长0.44%。

按贸易额，调料、药材、补品类出口的前5位贸易伙伴的份额为：越南

17.70%、中国香港13.95%、日本10.50%、英国5.07%、马来西亚3.80%；与2020年比，前5位贸易伙伴的总份额下降3.33个百分点，其中，日本、韩国和中国香港的份额分别下降4.45、2.84和0.67个百分点，越南的份额提高4.23个百分点。前5位进口贸易伙伴的份额为：印度尼西亚38.48%、马来西亚17.16%、中国香港11.91%、新西兰11.76%、德国9.14%；与2020年比，前5位贸易伙伴的总份额提高3.38个百分点，其中，马来西亚、中国香港和新西兰的份额分别提高5.63、4.01和3.67个百分点，德国和印度尼西亚的份额分别下降5.32和4.61个百分点。

苗木花卉类 出口5.69亿美元、进口2.44亿美元，与2020年比，出口额增长20.30%、进口额持平。

（三）主要草产品进出口

2021年，草产品出口33.96万美元、进口9.27亿美元，与2020年比，出口下降31.20%、进口增长28.75%。出口额中，草种子占66.43%，比2020年提高32.41个百分点；进口额中，草饲料占82.74%，比2020年降低2.68个百分点。

草种子 出口60.10吨、合22.56万美元，全部为紫苜蓿子，与2020年比，出口量下降3.25%、出口额增长34.37%。进口7.16万吨、合1.60亿美元，分别比2020年增长16.99%和52.38%。进口以黑麦草种子、羊茅子和草地早熟禾子为主（表14）。

表14　2021年草种子进口变化情况

商品名称	数量（万吨）	同比（%）	金额（亿美元）	同比（%）	金额占比（%）	占比变化（百分点）
黑麦草种子	3.40	-14.79	0.54	3.85	47.49	-17.71
羊茅子	2.09	74.17	0.44	91.30	29.19	9.58
草地早熟禾子	0.79	154.84	0.28	154.55	11.03	5.96
紫苜蓿子	0.52	48.57	0.19	90.00	7.26	1.54
三叶草子	0.36	33.33	0.15	66.67	5.03	0.62

草饲料 出口56.02吨、合11.40万美元，与2020年比，出口量增长88.62%、出口额下降65.00%；进口204.44万吨、合7.67亿美元，分别比2020年增长18.72%和24.72%，其中，紫苜蓿粗粉及团粒进口5.23万吨、合0.14亿美元，分别比2020年增长84.15%和75.00%；其他草饲料进口199.21万吨、合7.53亿美元、占草饲料进口总额的97.44%，与2020年比，进口量与进口额分别增长17.63%和24.05%、占草饲料进口额的比重下降1.26个百分点。

从市场构成看，按贸易额，草种子进口的前3位贸易伙伴的份额为：美国

56.16%、丹麦12.62%、加拿大10.83%，与2020年比，前3位贸易伙伴的总份额下降5.24个百分点，其中，美国和丹麦的份额分别下降2.74和2.47个百分点。草饲料进口的前3位贸易伙伴的份额为美国74.01%、西班牙10.77%、澳大利亚9.49%，与2020年比，前3位贸易伙伴的总份额下降1.37个百分点，其中，澳大利亚的份额下降9.32个百分点，西班牙和美国的份额分别提高4.99和2.96个百分点。

J P77-81

生态公共服务

- 森林城市
- 生态示范基地
- 文化活动
- 传播与传媒

生态公共服务

2021年，生态示范基地建设稳中求进，文化活动形式多样，媒体宣传影响持续深化，生态文明教育成果丰硕，生态公共服务水平进一步提升。

（一）森林城市

截至2021年，开展国家森林城市建设的城市达482个，193个城市被授予国家森林城市称号。其中，2021年新增创建城市43个。全国城市建成区绿化覆盖率达42.06%。督导各地巩固和提升国家森林城市建设成效，完成对193个国家森林城市国家标准达标情况摸底。逐步完善森林城市建设制度体系，制定印发了《国家森林城市建设总体规划编制导则》。编制完成《国家森林城市建设效益评估报告》，开展国家森林城市建设对居民健康影响评估，深化森林城市理论研究。

（二）生态示范基地

中国林学会命名北京八达岭森林公园等171个单位为全国第五批全国林草科普基地。全国关注森林活动组委会公布了26个国家青少年自然教育绿色营地；吉林长白山国家级自然保护区等30个单位被认定为吉林省青少年自然教育绿色营地；湖北省认定了10个单位为湖北省青少年自然教育绿色营地；黑龙江省37个单位入选首批省级青少年自然教育绿色营地。中国生态学学会公布了10个中国生态学学会科普教育基地；贵州省公布了10个省级自然教育基地；四川省公布了34个省级自然教育基地；河北省9个单位入选首批自然教育基地；浙江省公布了第二批21个浙江省自然教育学校(基地)名单；广东省新增30个自然教育基地。中国生态文化协会公布了128个全国生态文化村名单。

（三）文化活动

古树名木保护 全国各地通过古树认定、最美古树评选等多种形式推进古树名木保护及宣传工作。四川省新认定省一级古树及名木122株，其中，一级古树117株、名木5株。湖北省评选出"湖北十大最美古树"和"湖北五大树王"。

文艺创作 联合中央电视台综合频道直播超百期品牌栏目《秘境之眼》。首部描述我国野生动物保护题材的电视剧《圣地可可西里》拍摄完成。播出展现百年林草精神风貌的大型文献专题片《敢教日月换新天之美丽中国》。播出反映林草生态建设的电视专题片《山河岁月》《地球上的一年》《中国与世界的故事之国宝回家》。大型系列纪录片《绿水青山·金山银山》制作完成，摄影专著《岁月留痕（上、中、下）》公开发行。直播原创性公益广告《国家公园有生命的国家宝藏》。绿色中国行——走进美丽都江堰大型公益活动成功举办。协助中央电视台摄制的纪录片《国家公园：野生动物王国》在全球100多个国家和地区播出，《中国国家公园微记录》在香港无线电视台实现热播。《你好！中国》系列直播节目"走·去海南篇"走进海南热带雨林国家公园试点区，累计境外在线观看人数达到500余万。由龙岩地质公园管理委员会和龙岩市林业局提交的微电影作品《一方水土》荣获首届世界地质公园网络电影节全球第二名。

（四）传播与传媒

1. 社会媒体宣传

主流媒体宣传 《人民日报》、新华社、中央广播电视总台、《经济日报》等主流媒体及《中国日报》、中新社、《环球时报》、中国国际电视台等外宣媒体，围绕首批国家公园正式设立、科学开展国土绿化、林长制改革、野生动植物保护、应对气候变化等主题，特别是聚焦宣传《生物多样性公约》第十五次缔约方大会，开设专栏，推出专版，编发专题。

新媒体宣传 国家林业和草原局官网、关注森林网等林草专业网站，依托自身资源优势，以纪念全民义务植树40周年、国际森林日、国际湿地日和全国"两会"等重大活动、重要会议的举办为契机，推出系列专题报道，推动生态文化建设向纵深推进。"林草中国"官号开设"晓林百科"栏目，在抖音、今日头条等主流新媒体实现全覆盖，成为传播生态文化的新阵地，开展了一系列主题鲜明、内容丰富的宣传活动。在央视频APP推出白头叶猴、河狸等8路慢直播，首推虚拟现实（VR）长、短动物纪录片及"乐在秘境""爱在秘境""奇在秘境"等精彩视频4.6万余条，总播放量达1810.1万次。绿色中国网络电视与全国超百个网络平台开展合作，拓展了生态文化传播的广度，提升了生态文化传播的效果。据统计，中央主流媒体报道量超8万条，新媒体短视频浏览量近3.4亿次，同比实现倍增。国家林业和草原局官网全年编发各类热点信息5.6万多条，视频2266个。

舆情管理 妥善处置亚洲象北移南归、东北虎下山、野猪致害等重大热点舆情，社会舆论总体保持积极正面态势。

> **专栏 11　妥善处置北移象群事件 生动讲好人与自然和谐相生的中国故事**
>
> 习近平总书记在《生物多样性公约》第十五次缔约方大会领导人峰会上指出，中国生态文明建设取得了显著成效，云南大象的北上及返回之旅，让我们看到了中国保护野生动物的成果。国家林业和草原局在云南大象的北上发生第一时间即派出专家组并成立北移大象处置工作指导组，始终坚守第一线指导，做好北移大象处置工作；编制《北移大象管控应急方案》《北移大象落单雄象转移安置实施方案》，按照"柔性干预，诱导南返，把握节奏"的原则，及时组织国内外专家限制象群行进趋势，对北移象群进行引导。最终，北移象群迁回活动1400多公里后，全部返回适宜栖息地，且未发生人象伤亡事件。期间，指导督促云南省对象群沿途肇事损失申报案件1634件予以全部赔付，保障受损群众合法权益。全球180多个国家和地区3000家以上媒体对北移象群成功返家进行了报道，社交平台点击量更是超过110亿次。妥善处置北移象群事件向全世界生动、详细讲述了保护亚洲象，促进人与自然和谐共生的中国故事，赢得广泛赞誉。

2. 报刊宣传与图书出版

报刊宣传　《中国绿色时报》推出"美丽中国相册·我们的国家公园""国家公园环球行"等专题，开设"家在国家公园""国家公园专家说"系列专栏。《绿色中国》推出"特别策划""视点""聚焦"等特色专栏。

图书出版　全年围绕生态建设、生态扶贫等主题，出版图书676种。新书543种，总印数99.47万册；重印书133种，重印书总印数36.73万册。其中，出版社规划教材233种，国家级重点图书16种，出版社重点图书32种。生态文化理论体系研究和系列丛书《中国草原生态文化》《中国森林文化价值评估研究》，先进典型专辑《林草楷模——践行习近平生态文明思想先进事迹》，园林文化专著《中国插花艺术体系》《自然主义种植设计：基本指南》，专业技术图书《植树造林理论与实践》《林业和草原应对气候变化理论与实践》，资源管护指南《中国森林昆虫（第3版）（中英文）》《中国迁地栽培植物志（10种）》，林草科普读本《中国国家公园》《中国草原》等出版发行。《中国沙漠生态文化》《中国花文化》编写工作顺利推进。《中国科技之路·林草卷·绿水青山》《绿色脊梁上的坚守》分别入选《2021年农家书屋书目》、中国出版协会建党百年青少年推荐优秀读物。

3. 展会展览与论坛

开展全国林业和草原科技活动周、"保护生物多样性 助力中国碳中和"绿色科普集市、科普长廊宣传、生物多样性图片展、森林分享会等活动。举办2021扬州世界园艺博览会、第十届花卉博览会、第十一届中国竹文化节、中国义乌国际森林产品博览会、中国杨凌农业高科技成果博览会、2021北方（昌邑）绿化苗木博览会等大型展会。联合科学技术部、内蒙古自治区人民政府主办第八届库布其国际沙漠论坛。召开主题为"花开中国梦·花惠新生活"的第十一届中国生态文化高峰论坛。

（五）生态文明教育

青少年教育 举办全国三亿青少年进森林研学教育、播绿行动——野生动物保护知识进校园、"百年绿色长征路·峥嵘岁月报国情"主题征文大赛、第三届粤港澳自然教育讲坛暨嘉年华等特色活动，组织开展"绿桥""绿色长征"等品牌活动。

社会公众教育 与中央宣传部、财政部、国家乡村振兴局联合发布"最美生态护林员"的先进事迹。联合中央宣传部等部门选出宣传"最美生态护林员"20名、"时代楷模"1名、"全国道德模范"1名、"七一勋章"3名、践行习近平生态文明思想先进事迹16个。举办第三届全国林业和草原科普讲解大赛，吸引全国100多名选手参赛，超10万人次受众关注和参与。举办第二届"绿水青山·美丽中国"全国短视频大赛、"最美系列"生态文化产品征集展示、"百年辉煌·美丽中国"林草图片征集、"献给中国共产党百年华诞——生态文化美丽乡村百图展"等特色活动。

K 政策与措施

R83-93

- 党中央国务院出台的重要政策文件
- 部门出台的重要政策文件
- 国家林业和草原局出台的政策文件

政策与措施

2021年，国家出台多项林草政策措施，涉及生态修复、资源保护管理、财政税收、自然保护地管理、野生动植物保护管理、乡村振兴、应对气候变化、资源利用等多个方面。

（一）党中央国务院出台的重要政策文件（表15）

表15　2021年党中央国务院出台的重要政策文件

序号	印发时间	文件名称	主要内容和措施
1	2021年3月12日	国务院办公厅印发《关于加强草原保护修复的若干意见》	在政策支持方面，要建立健全草原保护修复财政投入保障机制，加大中央财政对重点生态功能区转移支付力度，健全草原生态保护补偿机制。地方各级人民政府要把草原保护修复及相关基础设施建设纳入基本建设规划，加大投入力度，完善补助政策。探索开展草原生态价值评估和资产核算，鼓励金融机构创设适合草原特点的金融产品，鼓励地方探索开展草原政策性保险试点。鼓励社会资本设立草原保护基金，参与草原保护修复
2	2021年6月2日	国务院办公厅印发《关于科学绿化的指导意见》	明确地方人民政府要组织编制绿化相关规划。从用地、用水、选择树种草种等方面，提出了技术措施和管理要求。在完善政策机制方面，要求各级人民政府要将国土绿化列入预算。实行差异化财政补助政策。中央预算内投资首次以项目制下达，推进重点区域山水林田湖草沙一体化保护和修复。中央财政继续通过造林补助等资金渠道支持乡村绿化。支持社会资本参与国土绿化和生态保护修复
3	2021年9月12日	中共中央办公厅、国务院办公厅印发《关于深化生态保护补偿制度改革的意见》	在分类补偿方面，健全公益林补偿标准动态调整机制，完善湿地生态保护补偿机制，落实好草原生态保护补奖政策，将退化和沙化草原列入禁牧范围，健全沙化土地生态保护补偿制度。在综合补偿方面，中央预算内投资对重点生态功能区基础设施和基本公共服务设施建设予以倾斜，建立健全自然保护地体系生态保护补偿机制，在重点生态功能区转移支付中实施差异化补偿，对生态功能特别重要的跨省和跨地市重点流域横向生态保护补偿，建立健全占用自然生态空间的占用补偿制度，健全生态保护考评体系，完善评价结果与转移支付资金分配挂钩的激励约束机制
4	2021年10月8日	中共中央、国务院印发《黄河流域生态保护和高质量发展规划纲要》	明确通过加强上游水源涵养能力建设、加强中游水土保持、推进下游湿地保护和生态治理，实现黄河流域生态保护和高质量发展。中央财政设立黄河流域生态保护和高质量发展专项奖补资金，用于奖励生态保护有力、转型发展好的地区，补助生态功能重要、公共服务短板较多的地区

（续）

序号	印发时间	文件名称	主要内容和措施
5	2021年10月24日	中共中央、国务院印发《关于完整准确全面贯彻新发展理念 做好碳达峰碳中和工作的意见》	明确要持续巩固提升碳汇能力，强化国土空间规划和用途管控，稳定现有森林、草原、湿地等固碳作用。在提升生态系统碳汇增量方面，实施生态保护修复重大工程，开展山水林田湖草沙一体化保护和修复，推进国土绿化行动，巩固退耕还林还草成果，实施森林质量精准提升工程，持续增加森林面积和蓄积量，加强草原生态保护修复，强化湿地保护，提升红树林等固碳能力
6	2021年10月26日	国务院印发《关于2030年前碳达峰行动方案的通知》	在碳汇能力巩固提升方面，一是巩固生态系统固碳作用。二是提升生态系统碳汇能力。三是加强生态系统碳汇基础支撑
7	2021年11月10日	国务院办公厅印发《关于鼓励和支持社会资本参与生态保护修复的意见》	一是规划管控。二是产权激励。以林草地修复为主的项目，生态保护修复主体可利用不超过3%的修复面积，从事生态产业开发。三是资源利用。对于施工中产生的剩余土石料等资源，允许生态保护修复主体无偿用于本修复工程，纳入成本管理。四是财税支持。社会资本投资建设的公益林，可以同等享受相关政府补助政策。五是金融扶持

（二）部门出台的重要政策文件（表16）

表16 2021年部门出台的重要政策文件

序号	印发时间	文件名称	主要内容和措施
1	2021年1月28日	与自然资源部联合印发《关于加强协调联动进一步做好建设项目用地审查和林地审核工作的通知》	明确一是国务院批准农用地转用和土地征收的建设项目，涉及使用林地的，由国务院批准用地。二是省级人民政府批准农用地转用（含国务院委托和授权审批用地）的建设项目，涉及使用林地的，由省级人民政府批准用地。三是省级自然资源主管部门、林业和草原主管部门要按月将使用林地审核情况、涉及林地的用地审批结果在国土空间基础信息平台上实现信息共享
2	2021年3月17日	11个部门联合印发《关于支持台湾同胞台资企业在大陆农业林业领域发展的若干措施》	针对台湾同胞和台资企业，明确通过流转取得的农村土地经营权流转合同到期后同等条件下可优先继续租赁，林地经营权可依法进行登记、办理权属证书和流转，鼓励参与生态保护修复和林草生态产业，可同等申请植物新品种权、从事林草重点生态工程建设等多项涉林草政策措施
3	2021年3月26日	6个部门联合印发《中央财政衔接推进乡村振兴补助资金管理办法》	支持巩固拓展脱贫攻坚成果、支持衔接推进乡村振兴、巩固拓展脱贫攻坚成果同乡村振兴有效衔接的其他相关支出。各地要建立完善巩固拓展脱贫攻坚成果和乡村振兴项目库，支持的项目原则上从项目库选择
4	2021年4月15日	与农业农村部等5部委联合印发《进一步加强外来物种入侵防控工作的通知》	强化制度建设、引种管理、监测预警、科技支撑、责任落实，健全防控体系，提升外来物种入侵综合防控能力

(续)

序号	印发时间	文件名称	主要内容和措施
5	2021年4月16日	与财政部等部门联合印发《支持长江全流域建立横向生态保护补偿机制的实施方案》	实施范围为涉及长江流域的19个省。主要政策措施：一是中央财政安排引导和奖励资金。每年安排资金支持长江19省进一步健全完善流域横向生态保护补偿机制。二是以地方为主体建立横向生态保护补偿机制，跨省流域横向生态保护补偿机制以地方补偿为主，各省要签署补偿协议
6	2021年5月28日	10个部门联合印发《关于实施第四轮高校毕业生"三支一扶"计划的通知》	首次将林草资源管理、生态修复工程、营林生产等生态文明建设服务岗位纳入"三支一扶"计划，鼓励探索设置乡村振兴协理员等岗位。择优选拔"三支一扶"人员兼任林（场）长助理等职务，以满足基层生态环境保护领域对人才的需要
7	2021年5月28日	与国家发展和改革委员会、财政部、国家乡村振兴局联合印发《关于实现巩固拓展生态脱贫成果同乡村振兴有效衔接的意见》	提出在继续保持现有帮扶政策、资金支持、帮扶力量总体稳定的基础上，通过实施促进脱贫人口稳定就业、支持脱贫地区产业兴旺、加快脱贫地区生态宜居、加强脱贫地区科技支撑和人才帮扶等任务，实现巩固拓展生态脱贫成果同乡村振兴有效衔接
8	2021年6月4日	与财政部联合修订印发《林业改革发展资金管理办法》	林业改革发展资金主要用于森林资源管护、国土绿化等生态保护方面，森林资源管护支出用于天然林保护管理和森林生态效益补偿，国土绿化支出用于林木良种、造林、森林抚育等，国家级自然保护区支出用于国家级自然保护区（不含湿地类型）的生态保护补偿与修复等，湿地等生态保护支出用于湿地保护与恢复等
9	2021年6月10日	与财政部、海关总署、国家税务总局联合印发《进口种用野生动植物种源免税商品清单的通知》	公布《进口种用野生动植物种源免税商品清单》（第一批），自2021年1月1日起实施
10	2021年6月28日	与科学技术部联合印发《国家林草科普基地管理办法》	申报工作原则上每两年开展一次，由国家林业和草原局、科学技术部联合命名为"国家林草科普基地"，向社会公布并颁发证书和牌匾。对已命名的国家林草科普基地实行动态管理，命名有效期限为5年，明确撤销称号的三种情形
11	2021年7月6日	12个部门联合印发《关于支持国家乡村振兴重点帮扶县的实施意见》	确定对西部10省（自治区、直辖市）的160个国家乡村振兴重点帮扶县给予集中支持，加大生态帮扶支持力度，指导省级相关部门在国土绿化、生态工程、重要生态系统保护和修复重大工程建设方面予以倾斜支持。逐步优化调整生态护林员政策，稳定国家乡村振兴重点帮扶县生态护林员队伍，支持生态产业发展
12	2021年7月20日	与自然资源部办公厅联合印发《自然资源调查监测质量管理导则(试行)》	适用于《自然资源调查监测体系构建总体方案》规定的各类自然资源调查、评价、监测工作，明确要强化制度和标准建设、设计质量管理、作业质量控制、成果质量验收、质量问题的防范、追溯和追究等

(续)

序号	印发时间	文件名称	主要内容和措施
13	2021年7月23日	与国家发展和改革委员会联合印发《"十四五"林业草原保护发展规划纲要》	在完善政策支持体系方面,一是加大资金政策扶持力度,完善天然林保护、造林种草等政策,资金项目向基层一线倾斜。二是构建多元化融资体系,丰富国家储备林、竹产业等金融产品,鼓励和支持社会资本参与生态建设。三是创新资金项目管理。中央资金实施差别化补助政策,地方项目原则上由地方为主决策实施
14	2021年8月10日	与财政部、应急管理部联合印发《中央补助地方森林草原航空消防租机经费管理暂行规定》	租机经费包括中央自然灾害救灾资金安排给地方的应急系统租机经费,以及林业改革发展资金安排给地方的林草系统租机经费。租机补助资金按照租机费用一定比例确定
15	2021年8月23日	与财政部、农业农村部联合印发《第三轮草原生态保护补助奖励政策实施指导意见》	经国务院批准,"十四五"期间,国家继续在13个省(自治区)以及新疆生产建设兵团和北大荒农垦集团有限公司实施第三轮草原生态保护补助奖励政策。中央财政补奖标准不变,地方可结合实际进行适当调整。有关地方将已明确承包权但未纳入第二轮草原补奖政策范围的草原优先纳入补贴范围。与农业农村部联合印制《关于落实第三轮草原生态保护补助奖励政策,切实做好草原禁牧和草畜平衡监管工作的通知》
16	2021年8月23日	5部门联合印发《中央生态环保转移支付资金项目储备制度管理暂行办法》	明确中央生态环保转移支付具体包括重点生态保护修复、林业草原生态保护恢复资金和林业改革发展资金等。中央项目储备库实行动态滚动管理,进入储备库的项目有效期原则上为3年
17	2021年9月26日	与财政部联合印发《关于用好中央财政衔接推进乡村振兴补助资金支持欠发达国有林场巩固提升的通知》	明确支持范围:优先选择巩固拓展脱贫成果任务重、基础设施短板突出、具备一定资源优势且有较强发展意愿的林场。支持重点:支持欠发达国有林场因地制宜发展特色优势产业,改善林场必要基础设施。建立健全项目库,支持项目原则上从项目库选择
18	2021年10月8日	与自然资源部联合印发《红树林生态修复手册》	适用于我国退化红树林和红树林迹地的生态修复工作,规定了生态修复的原则和技术要求,修复的对象包括具体红树林地块和某一区域内的红树林,以及历史上是红树林但被转化为滩涂或养殖池塘等其他利用类型的湿地
19	2021年10月25日	与自然资源部办公厅联合印发《造林绿化落地上图技术规范(试行)》	规定了造林绿化落地上图的目的任务、技术要求、资料准备、造林计划任务上图、造林完成任务上图、成果产出等,为造林绿化精细化管理提供依据
20	2021年10月26日	财政部印发《重点生态保护修复治理资金管理办法》	治理资金是指中央预算安排的,用于开展山水林田湖草沙冰一体化保护和修复等生态保护修复工作,提升生态系统质量和稳定性的资金。治理资金不得用于不符合自然保护地和生态保护红线等国家管控要求的项目、有明确修复责任主体的项目和已有中央财政资金支持的项目等

(续)

序号	印发时间	文件名称	主要内容和措施
21	2021年11月2日	与财政部联合修订印发《林业草原生态保护恢复资金管理办法》	主要用于天然林资源保护工程社会保险、天然林资源保护工程政策性社会性支出、全面停止天然林商业性采伐、完善退耕还林政策、新一轮退耕还林还草、草原生态修复治理、生态护林员、国家公园等方面。林业草原生态保护恢复资金采取因素法分配，其中承担相关改革或试点任务的可以采取定额补助
22	2021年11月4日	自然资源部印发《关于规范临时用地管理的通知》	界定了临时用地使用范围，明确了临时用地使用期限一般不超过2年，建设周期较长的能源、交通、水利等基础设施建设项目施工使用的临时用地，期限不超过4年。县（市）自然资源主管部门负责临时用地审批，不得下放临时用地审批权或者委托相关部门行使审批权
23	2021年11月11日	与国家档案局联合印发《国有林场档案管理办法》	规定了国有林场档案的收集、整理等工作
24	2021年11月11日	10个部门联合印发《关于加快推进竹产业创新发展的意见》	在政策保障方面，一是完善投入机制。鼓励各地完善财政支持政策，重点支持竹产业科技创新、基础设施建设等领域。鼓励符合条件的社会资本规范有序设立竹产业发展基金。二是加大金融支持。将符合条件的竹产业贷款纳入政府性融资担保服务范围。鼓励地方建立竹产业投融资项目储备库。三是优化管理服务。健全竹产业及产品、全竹利用及竹建材标准体系和质量管理体系。保障重大竹产业项目、竹林生产经营配套设施建设等用地需要
25	2021年11月27日	与自然资源部、农业农村部联合印发《关于严格耕地用途管制有关问题的通知》	明确永久基本农田不得转为林地、草地、园地等其他农用地及农业设施建设用地。针对一般耕地，要严格管控
26	2021年11月28日	国家发展和改革委员会印发《重点区域生态保护和修复中央预算内投资专项管理办法》《生态保护和修复支撑体系中央预算内投资专项管理办法》	重点区域生态保护和修复中央预算内投资专项主要支持《全国重要生态系统保护和修复重大工程总体规划（2021—2035）》及其专项建设规划明确的生态保护和修复项目，生态保护和修复支撑体系中央预算内投资专项支持纳入《全国重要生态系统保护和修复重大工程总体规划（2021—2035）》《生态保护和修复支撑体系重大工程建设规划（2021—2035年）》《国家公园等自然保护地建设及野生动植物保护重大工程建设规划（2021—2035年）》中的项目，两个办法明确了中央预算内投资支持标准
27	2021年11月30日	与财政部、国家乡村振兴局印发《生态护林员管理办法》	生态护林员是指在中西部22个省（自治区、直辖市），由中央对地方转移支付资金支持购买劳务、受聘参加资源管护的人员，将生态护林员纳入林长制管理，实行相对稳定的动态管理，考核结果与奖惩挂钩，各地不可安排生态护林员从事与林草行业无关的其他工作

(续)

序号	印发时间	文件名称	主要内容和措施
28	2021年12月7日	4部门联合印发《青藏高原生态屏障区生态保护和修复重大工程建设划（2021—2035年）》	到2025年，通过推动实施一批重点项目，带动青藏高原生态屏障区新增沙化土地治理面积100万公顷，沙化土地封禁保护面积20万公顷，退化草原治理面积320万公顷，水土流失治理面积68万公顷，森林覆盖率和湿地保护率进一步提高，重要河流干流断面水质达到Ⅱ类及以上
29	2021年12月10日	联合印发《农业农村部 财政部 海关总署 税务总局 国家林业和草原局公告第505号》	发布《进口种子种源免征增值税商品清单（第一批）》，自2021年1月1日起实施
30	2021年12月15日	8部门联合印发《生态保护和修复支撑体系重大工程建设规划（2021—2035年）》	到2025年，森林、草原、河湖、湿地、海洋、水资源、水土保持、荒漠化、石漠化、外来物种入侵等相关领域调查监测体系更加完善；重点区域森林草原火灾综合防控能力、林草有害生物防治能力稳步提高，基层生态管护站点更加优化；重点支持生态保护和修复领域国家级科技支撑项目100项，森林、草原火灾受害率分别控制在0.9‰、2‰以内，林业有害生物成灾率控制在8.2‰以下
31	2021年12月30日	4部门联合印发《北方防沙带生态保护和修复重大工程建设规划（2021—2035年）》	统筹推进山水林田湖草沙系统治理，以防沙治沙和荒漠化防治为主攻方向，重点实施京津冀协同发展生态保护和修复、内蒙古高原生态保护和修复、河西走廊生态保护和修复、塔里木河流域生态修复、天山和阿尔泰山森林草原保护、北方防沙带矿山生态修复等6项重点工程，共29个重点项目

专栏12　贵州省助推生态保护和巩固脱贫成果"双赢"

2021年，贵州省将生态护林员作为守好发展和生态两条底线的重要措施，落实资金，选（续）聘生态护林员18.28万名，帮助18.28万个脱贫家庭约55万人稳定增收，有效巩固林草生态脱贫成果，助推乡村振兴。一是健全管理制度，印发《贵州省生态护林员管理办法（试行）》《贵州省乡村公益性岗位开发管理办法》，明确过渡期内生态护林员的选聘、考核、培训、管理等工作要求，并将生态护林员作为专项岗位纳入公益性岗位管理。二是落实用于生态护林员补助资金182814万元，完成18.28万名生态护林员选（续）聘任务。三是协调省级保险机构为全省生态护林员捐赠涵盖死亡、残疾、医疗等综合性安全保险。四是评选出2021年度"最美生态护林员"15名，表彰宣传，扩大影响。五是推广应用生态护林员联动管理系统，设立省、市、县、乡、村5级管理员11644人，录入生态护林员信息人数172474名，系统推广应用至全省89个脱贫人口生态护林员项目县（区）。

（三）国家林业和草原局出台的政策文件（表17）

表17　国家林业和草原局出台的政策文件

序号	印发时间	文件名称	主要内容和措施
1	2021年1月14日	印发《关于进一步科学规范草原围栏建设的通知》	各地要编制草原围栏建设"一张图"，科学划定草原围栏建设区域，在野生动物活动频繁的草原不宜建设围栏设施，在自然保护地的核心保护区原则上禁止新建草原围栏，要修订草原围栏建设规范和标准，将草原围栏监管纳入草原管理范围
2	2021年3月3日	印发《关于加强春季候鸟等野生动物保护工作的通知》	一是完善监管机制。各级林业和草原主管部门要将候鸟等野生动物及其栖息地保护纳入林长制考核内容。二是采取多种措施，加大执法力度。各级林业和草原主管部门要联合有关部门对野生动物人工繁育单位、经营利用场所等进行监督检查。三是督查督办案件，发挥监督效能。四是创新宣传方式，营造保护氛围。印发《关于切实加强秋冬季候鸟等野生动物保护工作的通知》，各级林业和草原主管部门要严格执法监管，加强动态监测，规范收容救护，强化监督检查，严肃追责问责
3	2021年3月19日	印发《关于进一步加强林草科技创新平台建设管理的通知》	各创新平台要聚焦国家、行业和区域重大需求和问题积极开展工作，做好数据的规范化采集、整理、汇交和保存，确保数据真实性和完整性，加强标识规范管理，不得擅自以国家林业和草原局或科技司名义开展活动，不得擅自设立或挂牌二级分支机构或类似机构
4	2021年3月23日	印发《国家级自然保护区总体规划审批办法》	明确国家林业和草原局具体负责总体规划的审核、批复工作。同时规范了规划上报、规划审批和规划实施流程，明确未经批准的总体规划，不得作为审批建设项目可行性研究报告的依据
5	2021年4月25日	印发《关于下达2021年甘草和麻黄草采集计划及加强采集管理工作的通知》	明确规定各地甘草和麻黄草采集限额，督促指导各地规范管理采集活动，严格落实采集许可证制度，切实强化甘草和麻黄草保护管理
6	2021年4月28日	印发《关于进一步加强自然保护地内地质遗迹管理的通知》	要求各级林业和草原主管部门，一是全面加强自然保护地内地质遗迹保护，建立健全各项保护管理制度，完善保护措施和监测设施。二是抓好国家地质公园监督管理。三是持续推进世界地质公园内地质遗迹保护。与自然保护地重叠的区域，按照自然保护地的要求严格管理；不重叠的区域，要按照有关规定做好地质遗迹等资源的保护和管理
7	2021年5月12日	印发《林业草原基础设施建设领域积极推广以工代赈方式的通知》	明确林草基础设施建设推广实施以工代赈的领域包括但不限于《关于农业农村基础设施建设领域积极推广以工代赈方式的意见》中规定的以工代赈政策实施范围，通过以工代赈方式，增加脱贫人口、农村劳动力劳务收入，助力乡村振兴。2021年，各地通过以工代赈方式共实施林草相关建设项目200余个，涉及资金40多亿元

(续)

序号	印发时间	文件名称	主要内容和措施
8	2021年6月11日	印发《关于进一步做好野猪危害防控工作的通知》	明确将野猪等野生动物危害防控纳入林长制重要工作内容，各级林业和草原主管部门要推进建立依法补偿制度，尽快出台补偿标准及办法
9	2021年7月5日	印发《关于林草中药材生态种植、野生抚育、仿野生栽培3个通则的通知》	《林草中药材生态种植通则》适用于人工干预形成的森林、草原、荒漠、湿地等生态系统中药用植物的生态种植作业和管理，《林草中药材野生抚育通则》适用于森林、草原、荒漠、湿地等生态系统原生境下药用植物的野生抚育作业和管理，《林草中药材仿野生栽培通则》适用于森林、草原、荒漠、湿地等生态系统中药用植物的仿野生栽培和管理
10	2021年7月22日	印发施行《自然保护地监督工作办法》	《办法》共19条，明确了各级林草主管部门的自然保护地监督工作职责和自然保护地监督的具体事项，对自然保护地监督的方式、实施以及实地核查做出了相应规定，同时明确了督促问题整改的责任和程序，并对地方林草主管部门、自然保护地管理机构以及参加自然保护地监督工作的人员提出了严格要求
11	2021年8月5日	印发《国家林业和草原局关于加强自然保护地明查暗访的通知》	要求省级林草主管部门在组织和开展自然保护地的实地监督工作中建立明查暗访工作机制：省级林草主管部门每年组织定期或不定期开展明查暗访工作，年度明查暗访的国家级自然保护地数量不少于5%，建立明查暗访问题清单并强化问题整改的定期调度和跟踪督导，每年12月底前报送本年度自然保护地明查暗访工作总结
12	2021年8月20日	印发《乡村护林（草）员管理办法》	规定了乡村护林（草）员的选聘条件和程序、责任和权利、劳务报酬、工作保障、解聘情形和相关管理部门的管理职责。明确乡村护林（草）员在完成规定护林（草）任务的情况下，可以依法依规参与林业生态建设和林下经济等林草绿色富民产业发展，增加个人收入
13	2021年9月13日	印发《关于规范林木采挖移植管理的通知》	明确禁止和限制采挖的区域和类型，规范林地上林木采挖的行政许可，加强采挖移植作业管理，强化采挖移植的监督管理、特殊情形的管理。要求各省级林业和草原主管部门结合本地实际，明确允许采挖移植林木的最高年龄和最大胸径，细化林木采挖移植的相关标准，纳入本省（自治区、直辖市）的林木采伐技术规程
14	2021年9月13日	印发《建设项目使用林地审核审批管理规范》	明确建设项目使用林地的申请材料、实施程序、办理条件、特别规定和监管要求。办理条件：一是列入省级以上国民经济和社会发展规划的重大建设项目，符合国家生态保护红线政策规定的基础设施、公共事业和民生项目，国防项目。二是建设项目使用林地，用地单位或者个人应当一次性申请办理使用林地审核手续。三是各级人民政府林业和草原主管部门不得超过下达各省的年度占用林地定额审核同意建设项目使用林地。四是临时使用林地，原则上不得将乔木林地作为林地的临时用途，禁止在自然保护区和崩塌、滑坡、泥石流易发地区临时使用林地采石、采砂、取土等，禁止临时使用林地采石、采砂、取土等

(续)

序号	印发时间	文件名称	主要内容和措施
15	2021年9月13日	印发《林业和草原主要灾害种类及其分级(试行)》	明确了林业和草原主要灾害的种类,规范林业和草原主要灾害的定义和分级。林业和草原灾害划分为森林草原火灾、林业和草原生物灾害等7大类和森林火灾、草原火灾等26小类
16	2021年10月9日	修订印发《国有林场管理办法》	规范国有林场的设立与管理、森林资源保护与监管、森林资源培育与经营等
17	2021年11月16日	印发《关于加强野生植物保护的通知》	推动实施新调整发布的《国家重点保护野生植物名录》
18	2021年11月30日	印发《全国林下经济发展指南(2021—2030年)》	在完善政策体系方面,一是落实用地保障政策。允许利用二级国家公益林和地方公益林适当发展林下经济。二是完善财税支持政策。对贷款项目,实行据实贴息等。对企业从事林下种植、养殖、林产品采集和林产品初加工所得,依法免征、减征企业所得税等。三是加大金融支持力度。将林下经济产业贷款纳入政策性融资担保服务范围。四是纳入森林保险范畴。鼓励各地开展林下经济保险试点,纳入地方优势特色农业保险品种
19	2021年12月27日	印发《关于进一步加强国家湿地公园征占用备案有关工作的通知》	明确占地项目范围,禁止擅自征收、占用国家湿地公园的土地。规范占地备案程序,省级林草部门应主动向有关部门提供国家湿地公园范围,明确用地单位征求省级林业和草原主管部门意见的程序。省级林业和草原主管部门在出具意见之前,要视情况组织专家开展现场评估

专栏13 《"十四五"林业草原保护发展规划纲要》解读

主要目标 提出2项约束性指标和10项预期性指标。其中,2项约束性指标是到2025年,森林覆盖率达到24.1%,森林蓄积量达到180亿立方米。主要预期性指标:草原综合植被盖度达到57%,湿地保护率达到55%,以国家公园为主体的自然保护地面积占陆域国土面积比例超过18%,沙化土地治理面积1亿亩等(1亩=1/15公顷,下同)。

保护发展格局 按照国土空间规划和全国重要生态系统保护和修复重大工程总体布局,以国家重点生态功能区、生态保护红线、国家级自然保护地等为重点,实施重要生态系统保护和修复重大工程,加快推进青藏高原生态屏障区、黄河重点生态区、长江重点生态区和东北森林带、北方防沙带、南方丘陵山地带、海岸带等生态屏障建设,加快构建以国家公园为主体的自然保护地体系。实施三北防护林、天然林保护、退耕还林还草、京津风沙源治理等生态工程。

11 项重点任务 科学开展大规模国土绿化行动、构建以国家公园为主体的自然保护地体系、加强草原保护修复、强化湿地保护修复、加强野生动植物保护、科学推进防沙治沙、做优做强林草产业、加强林草资源监督管理、共建森林草原防灭火一体化体系、加强林草有害生物防治、深化林草改革开放。

重大工程项目 9大工程分别是青藏高原生态屏障区生态保护和修复重大工程、黄河重点生态区（含黄土高原生态屏障）生态保护和修复重大工程、长江重点生态区（含川滇生态屏障）生态保护和修复重大工程、东北森林带生态保护和修复重大工程、北方防沙带生态保护和修复重大工程、南方丘陵山地带生态保护和修复重大工程、海岸带生态保护和修复重大工程、自然保护地建设及野生动植物保护重大工程、生态保护和修复支撑体系重大工程。在黄河、长江、青藏高原等重大战略区域、重点生态区位，贯彻山水林田湖草沙生命共同体理念，聚焦重点，形成合力，科学布局和组织实施66个林草区域性系统治理项目。

6项支撑 建立生态产品价值实现机制，推进法治建设，强化科技创新体系，完善政策支撑体系，加强生态网络感知体系建设，加强人才队伍建设。

L 法治建设

P95-99

- 立法
- 执法与监督
- 普法

法治建设

2021年，林草法律规范体系进一步完善，林草法治建设进一步强化。

（一）立法

1. 法律制定和修改

湿地保护法制定　《中华人民共和国湿地保护法（草案）》提请全国人民代表大会常务委员会进行了三次审议。第十三届全国人民代表大会常务委员会第三十二次会议审议通过了《中华人民共和国湿地保护法》，自2022年6月1日起施行。

> **专栏14 《中华人民共和国湿地保护法》解读**
>
> 《中华人民共和国湿地保护法》明确了湿地的定义和统筹协调与分部门管理的管理体制，建立了部门间湿地保护协作和信息通报机制，实现了历史性突破，解决了困扰我国湿地管理数十年的湿地概念和管理体制问题；对湿地实行总量管控制度和分级管理及名录制度，明确了各级政府的管理事权划分；对湿地保护与利用作出了具体规定，提出了湿地利用的正面要求和负面清单；对建设项目占用国家重要湿地进行严格限制，对红树林湿地和泥炭沼泽湿地实行特别保护，全面禁止开采泥炭，维护湿地的重要生态功能；对湿地的监督检查和法律责任作出了具体规定。

种子法修改　《中华人民共和国种子法修正案（草案）》由国务院提请全国人民代表大会常务委员会进行审议，对"放管服"改革涉及的林木种子有关行政许可事项作出调整。修改完善后的种子法修正草案提请全国人民代表大会常务委员会进行了2次审议。第十三届全国人民代表大会常务委员会第三十二次会议审议通过了《全国人民代表大会常务委员会关于修改〈中华人民共和国种子法〉的决定》，自2022年3月1日起施行。

野生动物保护法修改　第十三届全国人民代表大会常务委员会第二十二次会议对《野生动物保护法（修订草案）》进行了初次审议。参加全国人民代表大会宪法法律委员会、全国人民代表大会环境与资源保护委员会、全国人民代表大会常务委员会法制工作委员会组织召开的座谈会、专题论证会等专题会议，就修订草案提出意见和建议，配合全国人民代表大会做好野生动物保护法修改工作。

国家公园法、自然保护地法制定 结合国务院正式批复的5个国家公园设立方案修改完善形成了《中华人民共和国国家公园法（草案）》。在研究吸纳国务院有关部门和省级林草主管部门反馈意见的基础上，形成《中华人民共和国自然保护地法（草案）》。

2. 法规修改与规章废止

法规修改 《中华人民共和国森林法实施条例（修订草案）（征求意见稿）》，两次征求了地方林业和草原主管部门和森工集团的意见，并征求了中央机构编制委员会办公室等48个中央国家机关意见。《中华人民共和国自然保护区条例（修订草案）》分别征求了国务院部门和地方林草主管部门意见，并经国家林业和草原局2次局党组会议审议。联合自然资源部召开风景名胜区条例修改专题会、专家座谈会，初步形成《中华人民共和国风景名胜区条例修改草案（征求意见稿）》。

部门规章废止 加快推动部门规章清理和废止工作，做好与新出台的《中华人民共和国民法典》、新修订的《中华人民共和国森林法》的衔接，落实好中央巡视反馈和环保督察问题整改及"放管服"改革、条条干预清理等工作要求。经全面清理，提出7件部门规章废止清单。

3. 其他林草立法工作

配合全国人民代表大会、司法部等立法机关以及有关部门做好《中华人民共和国黄河保护法》《中华人民共和国畜牧法》《中华人民共和国黑土地保护法》《中华人民共和国噪声污染防治法》《中华人民共和国农产品质量安全法》《中华人民共和国不动产登记法》《中华人民共和国国土空间规划法》以及《中华人民共和国生态保护补偿条例》《中华人民共和国生态环境监测条例》等涉及林草法律法规制（修）订工作。

4. 行政审批改革

简政放权 将建设项目使用林地、草原审核以及在森林和野生动物类型国家级自然保护区修筑设施审批等3项行政许可事项委托省级林业和草原主管部门实施，印发《建设项目使用林地、草原及在森林和野生动物类型国家级自然保护区建设行政许可委托工作监管办法》。制定印发了《国家林业和草原局深化"证照分离"改革实施方案》，分类推进中央层面设定的林草领域15项涉企经营许可事项"证照分离"全国全覆盖改革。完成中央层面设定的林草行政许可事项清单复核确认，同步修改完善要素表。

事中事后监管 完成2020年"双随机、一公开"检查工作总结及问题整改，并按要求在国家"互联网+监管"平台上发布。印发实施《国家林业和草原局2021年行政许可"双随机、一公开"检查工作计划》。加强告知承诺事项事中事后监管。将工作重点由事前准入审核转向事中事后监管，进一步完善行业标准和监管规则，通过"双随机、一公开"、专项检查、信用监管等方式对申请人履行承诺等情况进行检查。加强重点领域监管。对野生动植物保护、林草种苗生产等重点领域，与相关部门联合开展专项执法活动，及时发现查处线上线下违法违规问题。

政务服务　网上行政审批平台正式投入使用，全面实现全流程网上审批，完善平台监督提醒、公示评价、台账统计、事项查询等功能，做到审批过程全留痕、可追溯。申请人网上办理比例近60%，线上线下好评率达100%。推广应用电子证照，行政审批平台新增电子证照功能。开通林木采伐APP，对林农个人申请采伐人工商品林蓄积量不超过15立方米的，实行告知承诺方式审批。非进出口野生动植物种商品目录物种证明核发实现"跨省通办"。制（修）订《国家林业和草原局行政许可工作管理办法》《政务服务中心行政审批服务工作管理办法》。

5. 规范性文件

共审核发布规范性文件6件（表18）。

表18　2021年国家林业和草原局发布的规范性文件目录

序号	文件名称	文号	发布日期
1	国家林业和草原局关于印发《国家林业和草原局行政许可工作管理办法》的通知	林办规〔2021〕1号	2021/03/08
2	国家林业和草原局 科学技术部关于印发《国家林草科普基地管理办法》的通知	林科规〔2021〕2号	2021/06/28
3	国家林业和草原局关于印发《乡村护林（草）员管理办法》的通知	林站规〔2021〕3号	2021/08/20
4	国家林业和草原局关于规范林木采挖移植管理的通知	林资规〔2021〕4号	2021/09/13
5	国家林业和草原局关于印发《建设项目使用林地审核审批管理规范》的通知	林资规〔2021〕5号	2021/09/13
6	国家林业和草原局关于印发修订后的《国有林场管理办法》的通知	林场规〔2021〕6号	2021/10/09

（二）执法与监督

制度建设　结合新修订的《中华人民共和国行政处罚法》的实施，对与该法密切相关的5部部门规章进行了系统研究，起草形成《林业草原行政处罚程序规定》。按照国务院统一部署，先后开展了2轮《中华人民共和国行政处罚法》配套法规、规章清理，对不符合法律规定和不合理设定的行政处罚提出修改意见。继续推动涉林刑事司法解释修改，报送了破坏森林资源刑事司法解释修改意见。

行政案件查处　全国共发生林草行政案件9.59万起，查结9.05万起，查结率94%。全国林草行政案件发生总量同比减少2.56万起，下降21%，连续3年呈大幅下降趋势，且首次降至10万起以内。案件处罚总金额18.31亿元，行政处罚人数9.26万人次，责令补种树木791.13万株。全国违法使用林地案件3.99万余起、盗伐林木案件2800余起、滥伐林木案件1.68万起、毁坏林木案件3000余起。全年违法案件破坏林地面积1.39万公顷、草原面积1.68万公顷。

行政案件督察督办　围绕中央环保督察通报、媒体报道、群众举报等线索，下发查办通知69份，重点挂牌督办、现（驻）地督办重大毁林问题并及时处理处置。采取警示约谈、挂牌督办、适用贯通机制等手段，查处10个县级地区和30起重点案件，约谈主要负责人。强化宣传曝光，以新闻发布会、网络等形式，公开曝光2批27起破坏森林资源典型案件，以案示警。

行政审批　共接收行政许可申请1697件，受理1575件，办结1444件，其中，准予许可1165件，不予许可9件，其他270件。

行政复议和诉讼　共收办行政复议案件12件，其中，受理7件，包括维持6件，驳回1件。根据被申请人类型统计，国家林业和草原局作为被申请人6件，省级林业主管部门作为被申请人6件。根据行政行为类型统计，信息公开案件6件，行政确权案件2件，行政处罚案件1件，其他3件。共办理行政诉讼案件18件。其中，一审案件8件；二审案件2件；再审案件8件。

（三）普法

普法学习　加强工作人员学法用法，将法治内容纳入局党组理论中心组学习和"绿色大讲堂"专题学习安排，举办林草法治工作培训班，编印执法资格考试培训资料。

普法宣传　按照全国普法办部署，开展"4·15全民国家安全教育日""12·4国家宪法日"主题普法宣传活动。组织各地以"依法保护草原　建设生态文明"为主题，开展草原普法宣传月活动。研究制定林草系统"八五"普法规划。向全国普法办申报2个单位、2名个人，参选全国"七五"普法先进，对林草系统"七五"普法工作突出的有关单位和个人予以通报表扬。对普法工作领导小组组成人员作了调整。

M 区域发展

- 国家发展战略下的重点区域林草发展
- 传统区划下的林草发展
- 东北、内蒙古重点国有林区林业发展

区域发展

2021年，林草服务区域发展战略能力不断提升，各项工作扎实持续推进。

(一) 国家发展战略下的重点区域林草发展

1. 长江经济带

长江经济带覆盖上海、江苏、浙江、安徽、江西、湖北、湖南、重庆、四川、贵州、云南等11个省（直辖市）。该区域面积约205.23万平方千米，占全国的21.38%；2021年共有常住人口6.07亿人，占全国的43.05%；地区生产总值为53.02万亿元，占全国的46.60%；人均地区生产总值达8.73万元[②]。长江经济带林草发展状况如表19所示。

表19 2021年长江经济带林草发展状况

指标	数值	占全国的比重（%）
造林面积（万公顷）	111.71	29.75
种草改良面积（万公顷）	29.60	8.98
林草产业总产值（亿元）	44643.35	51.11
其中：林业产业产值（亿元）	44527.31	51.32
草产业产值（亿元）	116.04	20.06
经济林产品产量（万吨）	7455.08	35.97
木材产量（万立方米）	3756.46	32.41
林草旅游人数（亿人次）	21.64	65.80

配合国家发展和改革委员会印发《长三角一体化发展规划"十四五"实施方案》《丹江口库区及上游水污染防治和水土保持"十四五"规划》《长三角公共卫生等重大突发事件应急体系建设方案》《"十四五"长江经济带发展规划实施方案》《赤水河流域协同推进生态优先绿色发展实施方案》《长三角公共卫生等重大突发应急体系建设方案》《长江经济带"十四五"湿地保护和修复实施方案》，配合国家发展和改革委员会推进《中央财政深入推动长江经济带发展财税支持方案》。召开长江经济带湿地保护和修复实施方案讨论会，积

---

② 本章中国国土面积按960万平方千米进行计算；区域基本情况有关数据主要来自推动长江经济带发展网（https://cjjjd.ndrc.gov.cn/zoujinchangjiang/zhanlue/）及各省2021年国民经济和社会发展统计公报。

极推进长三角一体化发展，推动长三角生态绿色一体化发展示范区建设，抓好《关于贯彻落实习近平总书记在全面推动长江经济带发展座谈会上重要讲话精神的实施意见》涉及林草工作的落实。配合国家发展和改革委员会编制《2020年长江经济带发展报告》，配合财政部完善长江经济带生态补偿机制，制定《关于全面推动长江经济带发展财税支持政策的方案》，并配合生态环境部编制《长江流域生态环境保护工作情况的报告》，配合参与编制《太湖流域生态保护补偿机制的指导意见》。

2. 黄河流域

黄河流域覆盖青海、四川、甘肃、宁夏、内蒙古、陕西、山西、河南、山东9个省（自治区）。该流域9个省（自治区）行政面积达356.76万平方千米，占全国的37.16%；2021年共有常住人口4.21亿人，占全国的29.86%；地区生产总值为28.69万亿元，占全国25.22%；人均地区生产总值为6.81万元。黄河流域林草发展状况如表20所示。

表20　2021年黄河流域林草发展状况

指标	数值	占全国的比重（%）
造林面积（万公顷）	172.63	45.99
种草改良面积（万公顷）	212.64	64.54
林草产业总产值（亿元）	16395.65	18.77
其中：林业产业产值（亿元）	16027.98	18.47
草产业产值（亿元）	367.67	63.56
经济林产品产量（万吨）	6366.10	30.71
木材产量（万立方米）	1159.50	10.00
林草旅游人数（亿人次）	7.15	21.74

参与中央办公厅在自然资源部组织的对黄河流域生态保护和高质量发展工作调研和黄河立法等工作，配合编制并落实《黄河流域生态保护和高质量发展规划纲要重点任务分工方案》《推动黄河流域生态保护和高质量发展2021年工作要点》，扎实推进黄河流域林草生态恢复与保护工作，梳理黄河流域不同区段生态保护和治理关键问题，配合生态环境部编制《黄河流域生态环境保护专项规划》，配合水利部编制《黄河流域生态保护和高质量发展水安全保障规划》，组织编制《"十四五"黄河流域湿地保护和修复实施方案》，抓好《黄河流域生态环境保护和高质量发展回访调研报告》反映问题的整改落实。

3. 京津冀区域

京津冀地区包括北京市、天津市以及河北省三省（直辖市）。该区域面积达21.83万平方千米，占全国总面积的2.27%；截至2021年共有常住人口1.10亿人，占全国总人口的7.80%；实现地区生产总值9.64万亿元，占全国8.47%；人均地区生产总值8.76万元。京津冀区域林草发展状况如表21所示。

表21　2021年京津冀区域林草发展状况

指标	数值	占全国的比重（%）
造林面积（万公顷）	21.16	5.64
种草改良面积（万公顷）	4.67	1.42
林草产业总产值（亿元）	1695.16	1.94
其中：林业产业产值（亿元）	1693.05	1.95
草产业产值（亿元）	2.11	0.36
经济林产品产量（万吨）	1145.12	5.53
木材产量（万立方米）	147.23	1.27
林草旅游人数（亿人次）	2.06	6.26

会同国家发展和改革委员会安排京津冀三省（直辖市）重点区域生态保护和修复专项中央预算内造林投资20.3亿元。安排中央林业改革发展资金湿地保护修复补助8666万元，支持京津冀地区开展湿地保护修复、退耕还湿、湿地生态效益补偿，修复退化湿地面积2722公顷。协调推动京津冀地区重要候鸟栖息地申报世界自然遗产。第五批国家林下经济示范基地中京津冀地区占9席。召开第一届京津冀晋蒙森林草原防火联席会议，签署华北五省（自治区、直辖市）森林草原防火联防联控合作协议，进一步提高冬奥赛区及周边森林草原火灾综合防控能力。启动编制《京津冀国家森林城市群发展规划》，明确在"两市一省"之间扩大城市组团之间的生态空间、贯通生态斑块之间的生态廊道、建设互联互通的休闲绿道网络等重点建设任务。

4."一带一路"区域

"一带一路"是"丝绸之路经济带"和"21世纪海上丝绸之路"的简称，共计18个省（自治区、直辖市）。其中，"丝绸之路经济带"包括新疆、重庆、陕西、甘肃、宁夏、青海、内蒙古、黑龙江、吉林、辽宁、广西、云南、西藏13个省（自治区、直辖市），"21世纪海上丝绸之路"包括上海、福建、广东、浙江、海南5个省（直辖市）。该区域18个省（自治区、直辖市）行政区划面积合计达748.18万平方千米，占全国的77.94%；2021年，区域共有常住人口6.27亿人，占全国的44.47%；区域生产总值合计51.84万亿元，占全国的45.57%；人均地区生产总值为8.27万元。"一带一路"区域林草发展状况如表22所示。

表22　2021年"一带一路"区域林草发展状况

指标	数值	占全国的比重（%）
造林面积（万公顷）	221.83	59.09
种草改良面积（万公顷）	297.79	90.38
林草产业总产值（亿元）	42444.02	48.60
其中：林业产业产值（亿元）	41929.93	48.33
草产业产值（亿元）	514.09	88.88
经济林产品产量（万吨）	11209.49	54.08
木材产量（万立方米）	8023.66	69.23
林草旅游人数（亿人次）	12.30	37.40

林产品贸易规模　根据海关数据，截至2021年，我国与"一带一路"沿线国家的林产品贸易总额为722.55亿美元，同比增长23.81%。其中，进口额为429.64亿美元，同比增长35.11%；出口额为292.91亿美元，同比增长10.29%。

贸易平台建设　第五届中国-阿拉伯国家（中阿）博览会在宁夏银川市开幕。中阿博览会是由商务部、中国国际贸易促进委员会、宁夏回族自治区人民政府共同主办的国家级、国际性综合博览会，促进了中国与"一带一路"沿线国家和地区的经贸投资交流合作，已经成为中阿共建"一带一路"的重要平台。

合作项目　由亚洲开发银行贷款的"丝绸之路沿线地区生态治理与保护项目"通过亚洲开发银行方面评估，完成陕西、甘肃、青海3个省子项目可行性研究报告、环境影响评价报告、项目资金申请报告报送国家发展和改革委员会审批。

（二）传统区划下的林草发展

1. 东部地区

东部地区包括北京、天津、河北、山东、上海、江苏、浙江、福建、广东、海南10个省（直辖市）。东部地区林草发展状况如表23所示。该区林业产业实力雄厚，林草旅游业及木竹产品加工业较为发达。

表23　2021年东部地区林草发展状况

指标	数值	占全国的比重（%）
造林面积（万公顷）	41.47	11.05
种草改良面积（万公顷）	4.67	1.42

(续)

指标	数值	占全国的比重（%）
林草投资完成额（亿元）	819.13	19.64
林草产业总产值（亿元）	35001.98	40.07
其中：林业产业产值（亿元）	34997.39	40.34
草产业产值（亿元）	4.59	0.79
经济林产品产量（万吨）	6621.75	31.95
木材产量（万立方米）	3171.73	27.37
林草旅游人数（亿人次）	10.92	33.20

该地区林草投资完成额中，国家投资完成580.69亿元，占该地区投资完成额的70.89%；用于生态修复治理、林草产品加工制造、林业草原服务保障和公共管理投资分别为453.67亿元、100.43亿元、265.03亿元，分别占该地区林草投资完成额的55.38%、12.26%、32.36%。

该地区为全国林业产业产值最高的区域。区内广东省林业产业总产值为全国最高，达8607.43亿元。

该地区林业草原康养与休闲人数为1.78亿人次，比2020年减少了0.09亿人次。林草旅游、休闲与康养总收入为4080.98亿元，同2020年相比下降了3.36%，占全国的28.25%，带动其他产业产值合计达2459.72亿元。

该地区锯材、人造板及木竹地板产量均居全国首位。2021年，锯材产量为0.30亿立方米，占全国的37.50%；人造板产量为1.88亿立方米，占全国的55.79%；木竹地板产量为5.84亿平方米，占全国的70.96%。

该地区的林业在岗职工收入水平较高，年平均工资为10.56万元，是全国林业在岗职工平均水平的1.47倍。

2. 中部地区

中部地区包括山西、安徽、江西、河南、湖北、湖南6个省。中部地区的林草发展状况如表24所示。该区林业产业产值持续增长，油茶产业实力较强。

表24　2021年中部地区林草发展状况

指标	数值	占全国的比重（%）
造林面积（万公顷）	108.76	28.97
种草改良面积（万公顷）	5.72	1.74
林草投资完成额（亿元）	973.50	23.35
林草产业总产值（亿元）	23655.74	27.08
其中：林业产业产值（亿元）	23627.51	27.23

(续)

指标	数值	占全国的比重（%）
草产业产值（亿元）	28.23	4.88
经济林产品产量（万吨）	4557.06	21.99
木材产量（万立方米）	2064.08	17.81
林草旅游人数（亿人次）	8.80	26.76

该地区林草投资完成额中，国家投资完成446.33亿元，占该地区投资完成额的45.85%；用于生态修复治理、林草产品加工制造、林业草原服务保障和公共管理投资分别为616.14亿元、180.25亿元、177.11亿元，分别占该地区林草投资完成额的63.29%、18.52%、18.19%。

该地区油茶产业产值达1309.12亿元，比2020年增长了260.98亿元，占全国的68.18%；年末实有油茶林面积302.87万公顷，比2020年增长了8.62万公顷，占全国的65.96%。油茶苗木产量位列全国第一，为6.41亿株，占全国的52.20%；茶油产量66.70万吨，占全国的74.99%。中部区域内湖南省的油茶产业在全国发展最好，2021年油茶产业产值达到688.63亿元，占全国的35.87%；全省年末实有油茶林总面积达151.83万公顷，年产苗木3.18亿株，有规模以上油茶加工企业139家，均列全国首位。

3. 西部地区

西部地区包括内蒙古、广西、重庆、四川、贵州、云南、西藏、陕西、甘肃、青海、宁夏、新疆12个省（自治区、直辖市）。西部地区林草发展状况如表25所示。该区生态系统较为脆弱，生态建设任务较重；但地形地貌丰富、林草风光秀美，是我国主要的林草旅游目的地。区内经济林产品和林产化工产品生产实力雄厚，木竹生产和加工以及核桃产业优势明显。

表25　2021年西部地区林草发展状况

指标	数值	占全国的比重（%）
造林面积（万公顷）	196.55	52.35
种草面积（万公顷）	122.47	93.23
种草改良面积（万公顷）	307.20	93.23
草原管护面积（亿公顷）	2.68	98.53
林草投资完成额（亿元）	2019.39	48.43
林草产业总产值（亿元）	25518.86	29.22

(续)

指标	数值	占全国的比重（%）
其中：林业产业产值（亿元）	24990.68	28.80
草产业产值（亿元）	528.19	91.32
经济林产品产量（万吨）	8814.16	42.53
木材产量（万立方米）	5801.53	50.06
林草旅游人数（亿人次）	12.60	38.31

该地区草原禁牧面积和草畜平衡面积分别占全国草原管护面积的95.17%和99.88%。林业有害生物发生面积为602.57万公顷，占全国的48.00%；防治面积为459.45万公顷，占全国的45.54%；防治率为76.25%。

该地区林草投资完成额中，国家投资完成994.54亿元，占全部投资完成额的49.25%；用于生态修复治理、林草产品加工制造、林业草原服务保障和公共管理投资分别为912.17亿元、510.12亿元、597.10亿元，分别占该地区投资完成额的45.17%、25.26%、29.57%。

该地区各类经济林产品总量达8814.16万吨，占全国的42.53%。其中，水果、干果产量均居全国首位，分别为7035.79万吨和426.33万吨，各占全国的41.89%和33.81%；林产饮料产品、林产调料产品、森林药材、木本油料和林业工业原料均发展较好，分别占全国的43.47%、79.02%、48.42%、53.87%、73.22%。广西壮族自治区的经济林产品总量排名全国第一，为2214.58万吨。云南省是全国核桃产量最多的省份，达到159.86万吨。

该地区木材产量为5801.53万立方米，占全国的50.06%。该地区大径竹产量为10.42亿根，占全国的32.00%；小杂竹产量为1776.37万吨，占全国的57.28%。广西壮族自治区是全国重要的木材战略储备生产基地，2021年，木材产量为3904.64万立方米，比2020年提高了8.45%，占全国木材产量的33.69%，名列全国第一；同时，自治区锯材、人造板和木竹地板产量均居全国首位，分别为1336.13万立方米、6411.69万立方米和994.79万立方米。

该地区共生产松香类产品44.82万吨，占全国的43.51%；生产栲胶类产品4535吨，占全国的79.91%；区内云南省是全国最主要的紫胶类产品生产省份之一，2021年产量达到5242吨，占全国的80.62%。

该地区林草旅游人数达12.60亿人次，居全国首位，占比为38.31%；林草旅游收入5812.63亿元，占全国的比重为40.23%。

专栏15　4个定点县巩固脱贫成果与乡村振兴开局情况

2021年，继续做好广西壮族自治区罗城县、龙胜县以及贵州省独山县、荔波县等4个定点县的巩固脱贫成果工作，同时为定点县乡村振兴注入林草力量。

一是调研督导　制定《2021年定点帮扶重点任务分工方案》，印发了《国家林业和草原局乡村振兴与定点帮扶工作领导小组办公室关于进一步做好2021年定点帮扶工作的通知》。全年共计281人次赴4个定点县调研指导，深入乡镇和村屯，发现问题47个，形成督促指导报告9份，及时反馈定点县，倒逼问题整改和责任落实，推进定点县乡村振兴工作有序开展。

二是特色产业发展　指导帮助定点县编制"十四五"产业发展规划。帮助罗城县引进总投资3000万元的盈垦螺蛳粉产业园建设项目，配套建设木耳加工、生态腐竹生产等螺蛳粉原料生产加工厂房，项目建成后预计年产值达2亿元。继续投入500万元在定点县实施林下种植山豆根、花卉加工、黄精种植和灵芝仿野生种植等4个产业帮扶项目，预计共联结农户257户1102人，户均年增收1.5万元。指导推动荔波县启明中药材种植林下经济示范基地入选第五批国家林下经济示范基地。累计采购定点县农产品261万元，采购其他脱贫地区农产品603.3万元；帮助定点县销售农产品1634万元，帮助其他脱贫地区销售农产品290.22万元。

三是教育培训　组织114名专家成立林草科技服务团，分赴定点县开展科技服务活动。开展了3期国家林草科技大讲堂网络直播培训，邀请多名专家讲解油茶栽培与加工、板栗栽培、竹林经营、松材线虫病防控和储备林建设等方面关键技术与成果运用，培训人员超过3万人次。协调定点县人员参加其他各类培训，共培训基层领导干部233人、乡村振兴带头人268人、专业技术人员1295人。

四是资源培育与保护　协调贵州、广西两省（自治区）林业和草原主管部门，向4个定点县安排中央林草资金3.31亿元，安排省、市级林草资金0.91亿元。开展造林绿化等重点生态工程建设。截至2021年，4个定点县森林覆盖率均达到70%以上。

4. 东北地区

东北地区包括辽宁、吉林、黑龙江（包含大兴安岭地区）3个省。东北地区林业发展状况如表26所示。该区是当前国有林业改革的重点区域，林业产业处于缓慢转型之中。国家林业和草原局配合国家发展和改革委员会编制《东北全面振兴"十四五"实施方案》《东北全面振兴2020年工作总结和2021年工作要点》《辽宁沿海经济带高质量发展规划》，配合自然资源部有关部门研究提出东北地区全面振兴的政策举措，积极推动出台《推进东北地区全面振兴的意见》。

表26　2021年东北地区林草发展状况

指标	数值	占全国的比重（%）
造林面积（万公顷）	28.66	7.63
种草改良面积（万公顷）	11.90	3.61
林草投资完成额（亿元）	302.71	7.26
林草产业总产值（亿元）	3165.41	3.62
其中：林业产业产值（亿元）	3148.00	3.63
草产业产值（亿元）	17.41	3.01
经济林产品产量（万吨）	733.52	3.54
木材产量（万立方米）	552.03	4.76
林草旅游人数（亿人次）	0.57	1.72

该地区林草投资完成额中，国家投资完成294.51亿元，占该地区投资完成额的97.29%；用于生态修复治理、林草产品加工制造、林业草原服务保障和公共管理投资分别为145.73亿元、0.80亿元、156.18亿元，分别占该地区投资完成额的48.14%、0.27%、51.59%。

该地区林业和草原系统内共有2418个单位。该地区林草系统从业人员和在岗职工人数为各区最多，分别为31.62万人和31.17万人，分别占全国的36.10%和38.45%，同比各下降了5.22%和5.03%。林业在岗职工年平均工资为4.87万元，相比2020年有所上涨，增长率为7.03%。

各区域间的主要林业发展指标比较如图29所示，东部地区的单位森林面积林业产业产值和林草系统在岗职工年平均工资远高于其他三个地区；西部地区人均造林面积为全国最高。

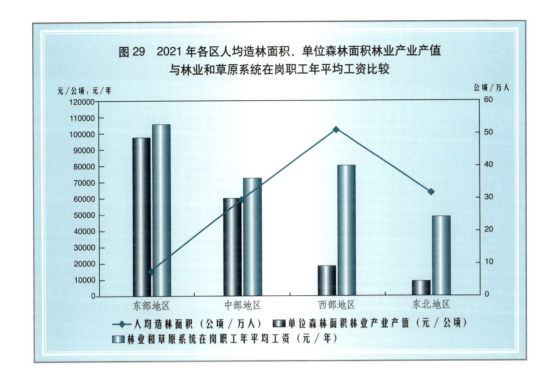

（三）东北、内蒙古重点国有林区林业发展

东北、内蒙古重点国有林区是指地处吉林、黑龙江和内蒙古3个省的吉林森工集团、长白山森工集团、龙江森工集团、大兴安岭林业集团、伊春森工集团、内蒙古森工集团下属87个森工企业及相关林业经营单位所构成的林区，是我国重要的生态安全屏障和后备森林资源培育战略基地。该区林业发展状况如表27所示。

表27　2021年东北、内蒙古重点国有林区林业发展基本状况

指标	数值	占全国的比重（%）
造林面积（万公顷）	14.82	3.95
森林抚育面积（万公顷）	70.49	10.98
林草投资完成额（亿元）	205.42	4.93
林业产业总产值（亿元）	498.63	0.57
经济林产品产量（万吨）	10.91	0.05
木材产量（万立方米）	26.87	0.23

东北、内蒙古重点国有林区林草投资完成额中，国家投资完成201.48亿元，占该地区投资完成额的98.08%。

东北、内蒙古重点国有林区林业产业总产值为498.63亿元，比2020年增长了6.91亿元，其中，龙江森工集团林业产业总产值最高，为226.62亿元。东北、内蒙古重点国有林区林下经济产值为99.52亿元，较2020年相比有较大下降，降幅达13.01%。该区域三次产业结构比由2020年的48.02∶14.45∶37.53调整为2021年的49.08∶13.39∶37.53。2021年，东北、内蒙古重点国有林区森工企业年末人数共31.20万人，比2020年减少2.27万人，在岗职工为21.59万人，在岗率为75.96%。

东北、内蒙古重点国有林区自2021年初累计完成林草投资205.42亿元，比2020年增加了5.40亿元。其中，生态修复治理资金为99.11亿元，占比48.25%；累计完成林草固定资产投资28.30亿元，其中，国家投资11.10亿元，占比39.22%。

N

P113-122

支撑保障

- 种苗
- 科技
- 教育与人才培养
- 信息化
- 林业工作站

支撑保障

2021年，林草支撑保障能力持续增强。林草种苗行业管理水平进一步提高，科技成果转化及自主创新能力逐步增强，林草信息化和林业工作站建设获得全面发展。

（一）种苗

支持重点 中央财政林木良种培育补助项目安排资金5亿元，支持国家重点林木良种基地、国家林木种质资源库建设和育苗单位林木良种苗木培育。中央预算内投资林草种质资源保护项目安排资金2亿元，支持12个国家林木种质资源库基础设施建设。

种质资源保护 继续开展第一次全国林草种质资源普查工作，完成秦岭区2个县、高黎贡山1个县的普查任务。布局建设国家林草种质资源设施保存库内蒙古分库。

种苗生产 共生产林木种子1634万千克，其中，良种539万千克，良种穗条23亿条（根）。全国育苗总面积124.67万公顷，其中，新育面积10万公顷。生产苗木总量532亿株，其中，可供造林绿化苗木287亿株，实际用苗量116亿株，实际用于造林绿化的林木种子1526万千克。全国各类苗圃27.97万个，其中，保障性苗圃641个。良种基地共1037个，其中，国家重点良种基地294个，良种基地总面积22.20万公顷。林木采种基地1323个，面积34.2万公顷，可采面积28.47万公顷，采种数量482万千克。

监督管理 全国共查处假冒伪劣、无证、超范围生产经营、未按要求备案、无档案等各类种苗违法案件219起，罚没金额264.1万元，移送司法机关10起。其中，查处制售假冒伪劣种苗案件33起，罚没金额85万元，移送司法机关9起。查处侵犯林业植物新品种权案件2起，罚没金额1.03万元。联合国家市场监督管理总局开展打击制售假冒伪劣种苗和侵犯植物新品种权工作。对主要电子商务平台进行监管，采取一系列措施强化平台内经营者及种苗商品的监管，共下架无证经营的种苗商品81453件，处理劣质种苗商品链接17273个，处罚店铺6696家。印发《关于组织开展2021年打击制售假劣种苗和保护植物新品种权工作的通知》。开展林草种苗行政许可随机抽查。对北京、山东2个省（直辖市）的4家公司开展"林木种子（含园林绿化草种）生产经营许可证核发""林木种子苗木（种用）进口审批"许可事项的事后监督检查。开展林草种苗质量抽检工作。对河南、湖北等8个省开展林草种苗质量抽检工作，共抽检林木种子样品60个，草种样品60个，苗木苗批113个。

品种审定 公布《中华人民共和国主要草种目录（2021年）》，共包含12科71属120种。开展林草品种审定工作，国家林业和草原局林木品种审定委员会审定通过22个林木良种，审定通过包括用材树种、经济林树种及观赏品种在内的省级林木良种441个，引种备案林木良种11个。开展草品种审定工作，审定通过14个草品种，通过17个申请区域试验草品种，辽宁等7个省（自治区）共审定通过草品种39个。

专栏16　安徽省积极赋能种苗交易平台新思路

安徽省人民政府在合肥已连续成功举办了19届中国·合肥苗木花卉交易大会，每届参展企业2000余家，现场交易额1.5亿以上。该交易大会已成为全国规模最大、种类最全、客商最多、效果最好的国家级苗木花卉交易盛会，有效促进了供需对接，真正实现了种苗花卉生产者和使用者卖有平台、买有场所。

同时，为做好种苗市场的引导和服务工作，安徽省积极搭建种苗交易信息平台。2021年9月，安徽省委机构编制委员会办公室下发《关于设立合肥苗木花卉交易服务中心的批复》，设立合肥苗木花卉交易服务中心，作为合肥市人民政府直属公益一类事业单位，核定事业编制21名。中心人员现已到位并正式开展工作。开发完成了苗木信息采集APP，在全国设立了1107个苗木信息采集点；交易平台已实现在线交易，入驻商家8016户，涉及各类种苗和花卉品种11245种；与新华社中国经济信息社达成了共同发布苗木价格指数合作协议，并将在2022年"苗交会"期间正式发布。

（二）科技

中央财政安排林业科技资金7.45亿元。其中，部门预算5225万元。中央财政林业科技推广示范补助资金5亿元，生态站、重点实验室和推广站等科技平台基本建设经费1.06亿元，基本科研业务费项目8689万元。

科技研究　启动"森林雷击火防控"揭榜挂帅项目，在大兴安岭林区建立雷击火试验观测站17个。推进"松材线虫病防控"揭绑挂帅项目，开展防控技术研究。开展中国森林草原资源价值核算、林草碳中和、国家公园管理体制等19项局级重点课题。新建5个生态站、3个国家林业和草原局重点实验室。批复筹建三批长期科研基地41个。联合浙江省人民政府共建国家林草装备科技创新园。遴选出800多项林草科研成果进入国家林业和草原局科技成果储备库，入库总数达到11600多项。下发《关于发布2021年重点推广林草科技成果100项的通知》，成果涉及林草生态保护修复、林草资源培育与经营、林草资源开发利用等8个领域。与青海省林业和草原局联合发布《青海省重点推广应用林草科技成果和实用技术名录》。

科研队伍建设 1人当选中国工程院院士，2人入选国家中青年科技创新人才，1个团队入选国家重点领域创新团队。遴选第三批林草科技创新人才和团队，其中，遴选青年拔尖人才24人、领军人才23人、木材加工装备与智能化创新团队等创新团队35个。

成果及推广 新认定15个工程技术研究中心、1个科技园区和2个生物产业基地。开展国家林草科技推广转化基地遴选工作，共推荐国家林草科技推广转化基地164个。组织4个服务团赴4个定点县24个乡镇、4个服务团赴青海省开展科技服务，累计组织3000多人总计300余个服务团，深入基层开展科技服务。整合全国优质林草科技资源开展直播培训，先后邀请106名专家举办了16期直播，在各大网络平台上开通了专栏或账号，累计440多万人次收看，百度搜索111万次，抖音460万次播放。组织开展国家林草科普基地建设工作，印发《国家林草科普基地管理办法》，制定《国家林草科普基地评价规范》，组织开展首批国家林草科普基地认定相关工作，组建由12位专家参与的首批林草科普专家队伍，聘请张伯礼、梁衡、刘劲为林草科普大使。开展林草科普宣传活动，举办2021年全国林业和草原科技活动周。

标准体系建设 研究编制新型林草标准体系，印发林草有害生物防治等10个领域标准体系。组织申报推荐性国家标准制（修）订计划项目122项，制定发布《人造板及其制品甲醛释放量分级》等54项推荐性国家标准、《自然保护地分类分级》等54项林业行业标准和《竹产品分类》等10项林业行业标准外文版。

产品质量安全 组织开展林产品质量安全监测工作，抽样范围覆盖26个省（自治区、直辖市），抽样产品共包括4大类21种林产品及7种食用林产品产地土壤，共2511批次样品。组织北京市园林绿化局、河北省林业和草原局加强供应北京冬季奥林匹克运动会食用林产品安全监管，做好冬奥会水果干果备选基地遴选工作。批准发布林业行业标准《食用林产品质量追溯要求通则》，为食用林产品质量安全追溯提供技术支撑。

植物新品种保护 受理国内外林草植物新品种权申请1442件，授予植物新品种权761件，发布植物新品种公告15批。在国家林草植物新品种菏泽测试站启动芍药属植物新品种测试工作。组织编制测试指南，形成木麻黄属等14个属（种）的植物新品种（DUS）测试指南送审稿。

生物安全管理 受理转基因林木中间试验的申请11项，通过网上审批平台下发17项许可决定。对许可的转基因林木试验进行6批次长期监测，评价转基因林木的生长特性和遗传稳定性，常态化跟踪监测转基因林木对生态环境的影响。制定与审查外来入侵物种普查技术规程，组织植物组普查试点工作。对涉及短萼黄连等珍贵濒危树种在内的21个树种以及老芒麦等草类资源进行群体遗传结构分析工作。

森林认证体系建设　发布实施《中国森林认证 森林经营》（GBT28951-2021）标准。申报《中国森林认证 碳中和森林碳汇》《中国森林认证 碳中和产品》2项国家标准和《中国森林认证 自然保护地资源经营》行业标准。推进天然林保护修复认证试点工作。启动新疆阿克苏地区森林认证实践工作。与中国合格评定国家认可委员会联合培养森林认证机构认可评审员2人，配合森林认证体系认可计划（PEFC）秘书处完成了互认文件的首轮评估。

智力引进与知识产权　推荐的德国籍森林问题国际知名专家海因里希·施皮克尔获得2021年度中国政府友谊奖。获批科学技术部2021年国家外国专家项目8项。获批中国林业科学研究院林产化学工业研究所引智基地项目1项。提升林业知识产权公共信息服务平台，完善基础数据库14个，新增数据量5万多条，入库数据记录累计90多万条。

科技助力产业　组织国家林草科技服务团，把高校和科研院所的成果技术送到田间地头，对林农和企业开展经济林、用材林及林下经济相关树种全产业链技术精准指导。组织相关国家创新联盟企业开展柿、森林康养等产业对接，组织200多人次专家开展全产业链技术精准指导。选派科技特派员3000多人次，组织科技下乡1.6万人次。聘任国家级林草乡土专家300名和"最美林草科技推广员"100名。建设国家林草科技推广转化平台，加强工程技术研究中心、科技园区和生物产业基地建设。实施林业科技推广示范项目，推广良种400余个，推广生态修复、林产品加工、林业标准化示范区建设等领域实用技术近700项，建立示范林2.27万公顷。

（三）教育与人才培养

毕业生　2021—2022学年，全国林草学科研究生教育、林草本科和高等林草职业教育（专科）、中等林草职业教育毕业生人数比上一学年均有增长。林草研究生教育毕业生26773人，比上一学年增加13706人、1.05倍。其中，林草学科博士、硕士毕业生7276人。林草本科教育毕业生131484人，其中，林业专业本科毕业生35041人。高等林草职业教育（专科）毕业生133248人，其中，林草专业毕业生16798人。中等林草职业教育毕业生39827人，其中，林草专业毕业生26427人。

招生　2021学年，研究生、本科、高职、中职招生人数均有增加。林草研究生教育招生45074人，其中，林草学科招收研究生12572人（博士生1488，硕士生11084人）。林草本科教育招生128911人，其中，林草专业本科招生30903人。林草高等职业教育招生182098人，其中，林草专业招生21214人。林草中职教育招生48161人，其中，林草专业招生27831人。

在校生 2021学年，林草研究生教育在校生125240人，其中，林草学科在校生研究生37783人（博士生6864人，硕士生30919人）。林草本科教育在校生540410人，其中，林草专业本科在校生141477人。林草高等职业教育在校生537756人，其中，林草专业在校生65726人。林草中职教育在校生129016人，其中，林草专业在校生76031人。

教育、教学改革及成果 与中华人民共和国人力资源和社会保障部等十部委联合印发了《中共中央组织部人力资源社会保障部等十部门关于实施第四轮高校毕业生"三支一扶"计划的通知》，将林草服务岗位纳入"三支一扶"计划，拓展大学生到林草基层就业新渠道。编写《"十四五"林业草原人才发展和教育培训规划》。制定出台《国家林业和草原局院校规划教材管理办法》，打造国家林业和草原局规划教材管理在线平台。完善院校共建机制，将四川农业大学纳入共建院校范围内，共建院校达到18家。推动局重点学科建设评价研究和新一轮重点学科推荐工作。完成职业院校林草类专业目录调整及职业教育专业简介和专业教学标准的修制订工作，共涉及林草类专业23个，其中，中职6个，高职专科14个，高职本科3个。国家林业和草原局"十四五"普通高等教育（本科、研究生）规划教材（第一批）633种、职业教育规划教材（第一批）140种。

行业培训 全年共举办培训班193期，培训学员35264人次。组织举办重点培训班11期，累计培训学员超过3000人次。全年线上培训52期，培训21844人次。开发国家林业和草原局教育培训平台。向中共中央组织部报送全国党员干部现代远程教育林草专题教材制播课件48期，总时长约1440分钟。完成《植树造林理论与实践》《林业和草原应对气候变化理论与实践》等7部教材的编写。

专栏17 竹藤实用技术培训助力林农致富

竹藤实用技术培训提升了群众致富能力，对推动地方林竹产业发展和农村经济社会发展起到了积极促进作用，受到了基层群众和广大林农的普遍欢迎。截至2021年，竹藤中心在广西、贵州、四川、云南、西藏、安徽、江西、湖北、河南、广东、重庆、福建、浙江等13个省（自治区、直辖市）的竹产区、边远山区、革命老区、少数民族地区举办林竹实用技术培训班99期，培训林农群众、基层技术人员、生产专业户等近8000人次。实用技术培训的务实开展，培养造就了一批创业发展、示范带动的先进典型。

> 贵州省赤水市民族村村民杨昌芹，2015年和2016年先后两次参加竹编实用技术培训班。她学成返乡后成立了"赤水市非物质文化遗产传承展示基地"。基地积极组织当地村民开展竹编实用技术培训，直接带动108人就业，其中，稳岗就业39人，人均年收入3万元左右。灵活就业岗位69人，人均年收入增加2万元左右。辐射带动3000多人从事竹编生产就业，户均增收3300元。同时，还连接带动当地建档立卡的177户570人，并且每户都兑现了现金分红。

人才建设 开展第八批百千万人才工程人选选拔工作，遴选出20名百千万人才工程省部级人选；开展新疆林业和草原青年科技英才接受培养工作，共接收培养10名新疆林草科技人员。参加人力资源和社会保障部第六届全国杰出专业技术人才表彰评选，推选出1个"全国专业技术人才先进集体"，1个"全国杰出专业技术人才"；组织开展第十六届林草青年科技奖评选工作。开展首届全国林业有害生物防治员职业技能竞赛。全国共有34支代表队102名选手参赛。

（四）信息化

网站建设 在国家林业和草原局官网开设"奋斗百年路 启航新征程""党史学习教育"等专题，优化调整机关党建栏目，及时发布各单位庆祝建党100周年党史学习教育情况信息6542篇；开设专栏宣传全民义务植树40周年、全面落实林长制改革、中国国家公园、疫情防控等专题，发布信息3222条；全年网站回复留言974条，为公众及林草基层工作人员提供林草基础知识、法律普及、政策解读、科普宣教服务。

重点项目 依据国家政务信息化重点项目，整合33个政务系统，搭建综合办公等5大平台，完成系统业务分析、功能完善、设计开发和测试部署以及中心机房基础软硬件部署，搭建成云平台。完成生态护林员、松材线虫病等业务系统的开发测试和部署等工作。将12个业务系统交付相关单位应用。在国家数据共享交换平台"生态环境自然资源域"内完成了16项数据产品目录的建立以及共享数据的加载、发布工作。

大数据建设与应用 完成全国林草种苗许可证管理系统审批结果与全国政务服务平台对接，配合有关部委在国家政务信息共享平台上完成300多条数据共享工作。组建全国林业和草原信息标准化技术委员会，编制形成《林业和草原信息邻域标准体系》。完成《林草电子公文处理流程规范》行业标准编制及评审、《林草物联网 传感器通用技术要求》等国家标准审查。

安全保障 完成公安部网络安全监督检查、网络安全大核查、电子政务领域网络安全专项检查、正版软件年度核查等6项安全核查工作，全年抵御各类攻击12.73亿次，查封IP地址达1.23万个，查杀病毒1.15万次，修复系统漏洞5469次，下发网络和信息安全整改通知单53份。开展2021年网络安全应急演练、网络安全宣传工作。组织开展4个三级系统等保复测和45个互联网系统的渗透测试，完成信创项目6个平台33个信息系统等保测评招标工作。

专栏18　林草生态网络感知系统建设

林草生态网络感知系统建设围绕"基础数据录入、应用系统接入""一个底板、一张底图、一个平台"等任务，聚焦重点、持续攻坚，取得积极进展。一是构建感知系统数据库。汇集现有调查监测、业务管理等各类数据，建立涵盖公共基础数据、林草资源数据、业务应用数据、政务管理数据、共享服务数据等5大类目共1215个数据层（集）的基础数据库。二是接入成熟业务应用系统。已接入林草生态综合监测、生态护林员联动管理等局内业务系统16个；接入江西湿地监测智慧管理平台，云南亚洲象预警监测系统等地方业务系统10个。三是夯实感知系统建设基础。感知系统建设纳入《"十四五"国家信息化规划》。打造感知系统总平台以及感知中心。网络安全等级保护三级系统通过备案审核。积极推进局资源监测评估数据处理基础设施建设，租用有安全保障的公有云资源。四是打造重点业务应用模块。优化林草防火预警系统、建设松材线虫病疫情防控监管平台、升级沙尘暴灾害监测系统、联通国家公园监测系统、开发国土绿化落图系统、完善保护地整合优化数据库等重点业务应用模块。

（五）林业工作站

基础设施　全国完成林业工作站基本建设投资2.21亿元。全国共有118个乡镇林业工作站新建业务用房，新建面积2.43万平方米，428个林业工作站新购置交通工具，1403个林业工作站新配备计算机。通过持续开展标准化建设，乡镇林业工作站基础设施条件得到改善。截至2021年，全国共有11649个林业工作站拥有自有业务用房，面积217.47万平方米，占全部林业工作站总数的51.78%，站均186.69平方米。共有6501个林业工作站拥有交通工具10267台，占林业工作站总数的28.89%。共有16777个站配备计算机45893台，占林业工作站总数的74.57%。

基层力量 截至2021年，全国有地级林业工作站155个，管理人员2425人；县级林业工作站1371个，管理人员19682人。与2020年相比，地级林业工作站减少48个，管理人员增加45人，县级林业工作站减少395个，管理人员减少2170人。全国现有乡镇林业工作站22499个（含管理2个以上乡镇的区域站842个），覆盖全国81.50%的乡镇，较2020年增加了279个，增长1.26%。其中，按机构设置形式划分，独立设置的林业工作站6854个，占林业工作站总数的30.46%；农业综合服务中心等加挂林业工作站牌子的站有6577个，占总站数的29.23%。无林业工作站机构编制文件但原班人马仍正常履行林业工作站职能的"站"有9068个，占总站数的40.31%。按管理体制分，作为县级林业和草原主管部门派出机构（以下简称垂直管理）的站有4081个，县、乡双重管理的有2029个，乡镇管理的有16389个，分别占林业工作站总数的18.14%、9.02%、72.84%。与2020年相比，垂直管理的林业工作站减少697个、减少14.59%；双重管理的减少664个、减少24.66%；乡镇管理的林业工作站增加1640个、增幅11.12%。全国乡镇林业工作站共有在岗职工75949人，站均3.38人，与2020年相比，人数减少4631人、减少5.75%，站均减少0.25人。

标准化建设 组织编制《全国林业工作站"十四五"建设实施方案》，指导25个省级林业工作站管理部门将加强乡镇林业工作站或林业工作机构能力建设纳入各省推行林长制实施方案。新安排15个省份319个乡镇林业工作站开展标准化建设，组织开展全国标准站建设验收工作，对纳入验收范围的415个站进行全面书面验收，对407个合格站授予"全国标准化林业工作站"称号；对上一年度授予称号的2691个工作站开展自查清理，对168个由于行政区划和业务工作调整等原因无法履职的，撤销名称、收回站牌。

工作成效 共有5487个乡镇林业工作站受县级林业和草原主管部门的委托行使林业行政执法权，全年办理林政案件58679件，调处纠纷36506起。全国共有3220个乡（镇）林业工作站加挂乡镇林长办公室牌子。共有5210个林业工作站稳定开展"一站式""全程代理"服务，共有8494个林业工作站参与开展森林保险工作。全年共开展政策等宣传工作172.28万人天。培训林农479.12万人次。指导、扶持林业经济合作组织6.09万个，带动农户228.35万户。拥有科技推广站办示范基地13.18万公顷，开展科技推广40.81万公顷。指导扶持乡村林场19345个。管理指导乡村生态护林员186.22万人，护林员共管护林地19451.67万公顷。

> **专栏 19　探索启动林草生态产品价值实现机制试点**
>
> 2021年，按照中共中央办公厅、国务院办公厅印发的《关于建立健全生态产品价值实现机制的意见》要求，结合工作实际，推动林草生态产品价值实现机制建立。建立"统筹协调、分工负责"的工作机制，编制《〈关于建立健全生态产品价值实现机制的意见〉林草重点工作分工方案》。参与审计署编制的领导干部自然资源离任审计评价指标体系等工作。一是会同财政部启动20个国土绿化试点示范项目，安排中央财政补助30亿元，巩固提升林草生态系统碳汇能力。二是开展生态产品价值实现机制试点。向国家发展和改革委员会推荐河北省塞罕坝机械林场、福建省三明市、江西省抚州市、大兴安岭林业集团公司、湖南省衡阳市、武夷山国家公园和东北虎豹国家公园等7个地区作为首批生态产品价值实现机制试点地区。

开放合作

- 政府间合作
- 民间合作与交流
- 履行国际公约
- 专项国际合作
- 重要国际会议

开放合作

2021年，政府间合作、民间合作与交流深入开展，国际履约稳步推进，林草专项合作成果丰富。

（一）政府间合作

重大外交活动 主办"第三次中国–中东欧国家林业合作高级别会议"，发布《中国–中东欧国家关于林业生物经济合作的北京声明》。参与中欧、中美环境与气候高层磋商，助力达成《第二次中欧环境与气候高层对话联合新闻公报》和《关于21世纪20年代强化气候行动的格拉斯哥联合宣言》。落实中蒙两国就荒漠化防治合作达成的重要共识，与蒙古国家环境和旅游部召开中蒙林业工作组荒漠化防治专题会议。出席中国–新加坡双边合作机制会议，围绕"自然保护"议题进行深入探讨，与新加坡国家公园局签署《关于自然保护的谅解备忘录》，中新双方副总理共同为旅新新生大熊猫幼仔命名。

区域合作 推动编制中国–中东欧国家林业产业合作指南，推动中国和中东欧国家林业产业贸易和投资合作。推动亚太经济合作组织（APEC）框架下林业交流与合作，参与APEC打击木材非法采伐及相关贸易专家组工作。发起和组织中欧森林执法与治理双边协调机制（BCM）第11次会议，总结评估10年合作成果和影响。组织实施3个亚专资、澜湄基金、亚合资项目，申报了13个2022年亚洲合作资金项目。

双边合作 分别与乌兹别克斯坦、伊朗、智利、韩国等国以线上方式召开林业合作专题会，深化自然保护等领域合作。召开中俄森林资源开发和利用常设工作小组第十七次会议，深化两国森林资源开发和利用合作。与德国联邦食品和农业部召开中德林业工作组第七次磋商会议，召开中德合作"山西森林可持续经营技术示范林场建设"项目指导委员会第三次会议，组织实施中德林业政策对话平台项目；与德国经济发展与合作部、赞比亚国家公园及野生动植物部共同召开中德非（赞比亚）自然保护三方合作项目实施小组第一次会议。与新西兰初级产业部共同主办第二次中新林业政策对话，开展联合木材贸易研究和森林碳汇合作交流，推动中国和新西兰候鸟保护合作与交流。推进"中英国际林业与投资项目二期"项目实施，召开项目二期指导委员会第二次会议。参与打击野生动植物非法贸易、木材非法采伐及相关贸易、全球非法毁林议题国际进程。以观察员身份参加第八次"森林欧洲"部长级会议。

（二）民间合作与交流

绿色"一带一路"和民间国际合作项目建设 中日植树造林国际联合项

目全年完成合作造林2200亩。协调推进德国复兴银行绿色促进贷款对话专题项目，国家林业和草原局与财政部签署了项目赠款转赠协议；推动实施英国曼彻斯特桥水花园"中国园"项目。加强与非洲国家公园网络、瑞典家庭林主联合会、大森林论坛、中俄木业联盟等组织的交流。

境外非政府组织合作 出台《国家林业和草原局关于业务主管及有关境外非政府组织境内活动指南（试行）》。与境外非政府组织新开展林草合作项目166个，涵盖森林可持续经营、湿地保护、野生动植物与生物多样性保护、自然保护地与国家公园等多个领域。

（三）履行国际公约

《濒危野生动植物种国际贸易公约》（CITES） 派团出席《濒危野生动植物种国际贸易公约》(CITES)第73次常委会、第31次动物委员会、第25次植物委员会会议。加强履约研究，妥善处理国际热点敏感议题，向公约秘书处提交相关报告。组织有关部门参加公约秘书处、国际刑警组织等国际机构组织的合作交流和联合执法行动。指导国内有关机构开展对亚、非国家履约管理和执法人员培训交流活动。

《联合国防治荒漠化公约》（UNCCD） 派团出席《联合国防治荒漠化公约》（UNCCD）履约审查委员会第19次会议、缔约方大会第二次特别会议。中国政府、联合国环境署和UNCCD秘书处共同主办第八届库布其国际沙漠论坛，出席会议代表围绕科技创新能源转型、绿色金融发展、山水林田湖草沙综合治理、"一带一路"沿线国家荒漠化防治等议题开展研讨，塞罕坝机械林场获得联合国荒漠化防治领域最高奖项——"土地生命奖"。更新中国防治荒漠化协调小组成员，新增乡村振兴局为成员单位。

《关于特别是作为水禽栖息地的国际重要湿地公约》（RAMSAR） 确定《关于特别是作为水禽栖息地的国际重要湿地公约》（RAMSAR）第十四届缔约方大会（COP14）主题，成立大会组织委员会和执行委员会；组织开展大会成果文件、重大活动设计、办会模式等专题研究，开展大会《谅解备忘录》谈判；多次牵头召开由12个国家组成的公约常委会大会筹备工作组线上会议，并向公约常委会第58次、59次会议和第三届特别缔约方大会通报筹备进展情况。向公约提交COP14大会两个决议草案，与韩国共同提出两个联合决议草案。完成国际重要湿地数据更新。

《国际植物新品种保护公约》 参加国际植物新品种保护联盟（UPOV）2021年度系列会议，成功推动中文加入UPOV工作语言。参加UPOV线上研讨会、UPOV公约法律研讨会、UPOV国际电子申请平台第十七次会议、UPOV第53届TWO技术工作组网络会议。签订《中欧植物新品种保护战略合作协议（2021—2025）》，组织召开中欧提升植物品种权保护意识国际研讨会。参加第十四届东亚植物新品种保护论坛（EAPVPF）、国际无性繁殖园艺植物育种者协会（CIOPORA）知识产权保护论坛。组团参加联合国粮农组织(FAO)森林遗传资源政府间技术工作组第六届会议，中方代表被工作组选举为主席。参加联合国粮农组织（FAO）粮食和农业遗传资源委员会第18届例会。

《联合国森林文书》 出席联合国森林论坛（UNFF）第十六届会议。推进《联合国森林文书》示范单位建设项目，加强项目管理，总结示范成效。2021年，新增2家示范单位，《联合国森林文书》示范单位累计增至17家。

《保护世界文化和自然遗产公约》 参加第44届世界遗产大会，主办"世界自然遗产与生物多样性：滨海候鸟栖息地的保护与可持续发展"和"世界自然遗产与自然保护地协同保护"两场边会，推动重庆五里坡通过边界细微调整扩容纳入世界自然遗产。

《生物多样性公约》 参加以"生态文明：共建地球生命共同体"为主题的《生物多样性公约》第十五次缔约方大会第一阶段会议。全程参与2020后全球生物多样性框架谈判，对包括"2020年后全球生物多样性框架""3030目标设定"等重点议题进行谈判和讨论，如期完成大会谈判、讨论等各项任务。承办"基于自然解决方案的生态保护修复""生态文明与生物多样性保护主流化"2个专题论坛，全面介绍我国生态修复、荒漠化防治、野生动植物和生物多样性保护工作成就。

专栏20 《生物多样性公约》第十五次缔约方大会情况

2021年10月11—15日，联合国《生物多样性公约》第15次缔约方大会（COP15）第一阶段会议在昆明召开，大会主题是"生态文明：共建地球生命共同体"，是联合国首次以"生态文明"为主题举办的全球性会议。中国国家主席习近平12日下午以视频方式出席COP15领导人峰会并发表主旨讲话，强调秉持生态文明理念，共同构建地球生命共同体，开启人类高质量发展新征程，宣布我国正式设立第一批国家公园，启动北京、广州等地国家植物园体系建设。会议期间举行了COP15高级别会议，通过了《昆明宣言》，承诺确保制定、通过和实施一个有效的"2020年后全球生物多样性框架"，以扭转当前生物多样性丧失趋势并确保最迟在2030年使生物多样性走上恢复之路，进而全面实现"人与自然和谐共生"的2050年愿景；举办了生态文明论坛，发布了"共建全球生态文明，保护全球生物多样性"的倡议。

《联合国气候变化公约》 参加《联合国气候变化公约》第26届缔约方大会、《京都议定书》第16次缔约方会议、《巴黎协定》缔约方第3届会议、公约附属履行机构会议及公约附属科学咨询机构会议。会议通过《格拉斯哥气候协议》，发布《关于森林和土地利用的格拉斯哥领导人宣言》。

《国际竹藤组织东道国协定》 通过协助活动组织筹备、开展援外培训、合作实施国际项目等方式，支持国际竹藤组织（INBAR）开展工作。举办"一带一路"国家竹藤资源可持续开发与管理研修班和国际竹藤组织成员国竹资源培育与综合利用研修班等2期竹藤援外线上培训班，共有来自亚非拉的17个国家的178名林业相关领域高级官员参加培训。中荷东非竹子项目二期正式启动并进展顺利，2021年项目启动会和第二次指导委员会会议在线上召开。

（四）专项国际合作

草原国际合作 参加（线上）第二十四届国际草地大会和第十一届国际草原大会联合会议，会议主题为"可持续利用草原和草地资源以提高牲畜的饲养量"，议题涵盖草原生态保护、饲料生产、野生动物保护、旅游业等领域。参加（线上）《联合国防治荒漠化公约》亚洲区域草原与牧场修复国际研讨会，会议主题为"推动草原生态系统与牧场修复的全球行动"。

湿地保护国家合作 组织召开全球环境基金（GEF）7期东亚—澳大利亚迁飞路线中国候鸟保护网络建设项目启动会暨指导委员会第一次会议，项目正式启动实施。举办发展中国家湿地保护与管理线上研修班，来自柬埔寨等"一带一路"沿线9个国家的66名学员参加培训。

防治荒漠化国际合作 联合国防治荒漠化、土地退化和干旱高级别会议召开，来自哥斯达黎加、尼日利亚等国家元首、政府首脑，以及近60个国家的部长和高级别代表以视频形式出席会议。组织召开中国-蒙古林业工作组荒漠化防治专题会议并建立专项联络机制。与乌兹别克斯坦、伊朗举行双边会谈，探讨荒漠化治理合作。参与二十国集团（G20)环境次长会，介绍我国荒漠化防治做法经验。组织编译发布《中国防治荒漠化70年》（英文版），讲好中国治沙故事。

野生动植物保护国际合作 履行中俄等政府间候鸟保护协定以及东亚—澳大利西亚迁飞区合作伙伴关系，参与东北亚环境合作机制谈判及相关会议，完成候鸟保护双边协定2019—2020国家报告，将山东黄河三角洲国家级自然保护区提名为东亚-澳大利西亚迁飞区合作伙伴关系网络保护地。推动与卡塔尔大熊猫合作，妥善处理法国、英国大熊猫合作到期，与比利时、西班牙、法国、美国（亚特兰大）、日本、马来西亚等国合作研究熊猫幼仔到期回国等事宜。2021年，旅外大熊猫成功繁育8只幼仔。

自然保护地国际合作 参加中法"政策对话合作2021年工作计划"会议

和"中国生物多样性基金年度战略与监督会议",在"中国生物多样性基金年度战略与监督会议"上作主旨发言。落实与法国生物多样性局签署的自然保护合作协议,召开保护地管理"社区发展"线上专题研讨会,与法国开发署签署关于《开展中国生物多样性基金合作的谅解备忘录》。推进与德国、赞比亚和纳米比亚合作开展的"中德非自然保护三方合作项目"。参加自然保护地研讨会,支持赞比亚设立"绿色名录保护地"项目和世界自然保护联盟(IUCN)绿色名录中国评审委员会专家组(EAGL)相关工作,总结三方自然保护地合作项目（一期）工作成效。参加第七次中欧生物多样性研讨会会议。推动实施"白海豚项目"和"河口项目"等涉海国际项目,提升海洋公园规范化建设和保护管理水平。

亚太森林恢复与可持续管理 制定亚太森林组织第三期（2021—2025）战略规划,协调亚太森林组织申请专项资金并向亚太森林组织捐助款项。资助亚太森林组织项目实施,依托澜沧江-湄公河合作机制下"澜湄区域森林生态系统综合管理规划与示范项目"建成普洱森林可持续经营示范暨培训基地;正式启动柬埔寨珍贵树种繁育中心项目主体工程、苗圃及组培实验室等建设;启动4个新项目,涵盖森林经营、气候变化、森林碳汇研究等领域。成功召开2021年大中亚林业战略合作信息交流会议;出版《亚太区域森林恢复规划：政策、法规和项目回顾》。完成亚太经合组织2020悉尼林业目标终期评估报告;世界自然保护联盟的世界保护大会上宣传介绍中国实现大规模的森林景观恢复的经验,以及其他相关经济体森林恢复的成就;与联合国粮农组织区域办公室合作,编写林业部门展望报告——《提高太平洋岛屿经济体人民和景观的复原力：森林和树木在气候变化背景下的作用》。

国际贷款项目合作 世界银行和欧洲投资银行联合融资"长江经济带珍稀树种保护与发展"项目进展顺利,进一步完善了《项目监测与评价指南》《世行子项目检查验收方案》,项目累计完成森林经营12.81万公顷。亚洲开发银行贷款"丝绸之路沿线地区生态治理与保护"项目通过评估,完成陕西、甘肃、青海3省子项目可行性研究报告、环境影响评价报告。欧洲投资银行贷款"黄河流域沙化土地可持续治理"项目列入我国利用欧洲投资银行贷款2020—2022年备选项目规划,明确内蒙古、陕西、甘肃、宁夏4个省（自治区）项目管理机构和人员,项目技术指南通过专家评审。

全球环境基金（GEF）赠款项目 全球环境基金"中国森林可持续管理提高森林应对气候变化能力"项目进展顺利,项目区对2.39万公顷森林开展了森林可持续管理,完成森林认证5.2万公顷,开发了3个省级森林碳汇交易项目,共开展国家级培训400多人次、省级和林场级培训3299人次。对于"通过森林景观规划和国有林场改革,增强中国人工林的生态系统服务功能"项目,开展新型森林经营方案编制和实施,完成项目1个市和2个县山水林田湖草沙规划、国有林场绿色发展的政策建议报告和碳汇量核算报告，累计培训1500人次。对于"加强中国东南沿海海洋保护地管理，保护具有全球重要意义的沿海生物多样性"项目，建立中国东南沿海海洋保护地网络信息平台，构建多方参与的沟通机制，编制示范保护区管理办法和计划。组织各类培训和宣教活动，2000余人从中受益。对于"中国典型河口生物多样性保护、修复和保护区网络建设示范"项目，完成黄河口和珠江口11个保护地的管理绩效评估（METT）工作，开展黄河口和珠江口生物多样性调查和土地类型调查并识别修复空缺，加强信息化建设并开展科普培训。对于"东亚-澳大利西亚迁飞路线中国候鸟保护网络建设"项目，支持开展湿地保护政策研究，编制了红树林生态修复等技术规程及标准，通过大量宣传活动提升湿地保护公众意识。

（五）重要国际会议

第二届国际森林城市大会　第二届国际森林城市大会在江苏省南京市召开。会议由国家林业和草原局、南京市人民政府和国际竹藤组织主办，主题是"森林城市与城市生活"。来自喀麦隆、尼泊尔等11个国家的驻华大使，国际木材科学院等50多所国内外高校、科研院所的林业专家学者，以及我国近百座城市的代表出席会议，围绕"森林城市建设理念与实践""城市生物多样性"等议题展开研讨。大会设有6个分会论坛，国际竹藤中心主办了"基于碳中和下的竹藤与城市秀美"分论坛。

扬州世界园艺博览会　与中国花卉协会、江苏省人民政府共同主办，扬州市人民政府承办。本届世界园艺博览会以"绿色城市、健康生活"为主题，在北京和扬州分设会场，打造了风格各异的64个展园，包括北京等26座国内城市和企业展园，法国奥尔良、荷兰布雷达和国际竹藤组织、世界月季联合会等25个国外城市和国际组织展园，以及13个江苏城市展园，举办各类园事花事赛事活动1360场次，共吸引国内外观众近220万人次参观。

图书在版编目（CIP）数据

2021年度中国林业和草原发展报告 / 国家林业和草原局编著 . -- 北京：中国林业出版社，2022.12

ISBN 978-7-5219-2103-8

Ⅰ. ① 2… Ⅱ. ①国… Ⅲ. ①林业经济－经济发展－研究报告－中国－ 2020 ②草原建设－畜牧业经济－经济发展－研究报告－中国－ 2021 Ⅳ. ① F326.23 ② F326.33

中国版本图书馆 CIP 数据核字 (2023) 第 003226 号

中国林业出版社·自然保护分社（国家公园分社）

策划编辑：刘家玲
责任编辑：肖　静　宋博洋

出版：中国林业出版社（100009 北京西城区刘海胡同 7 号）
　　　E-mail: wildlife_cfph@163.com　电话：83143577　83143625
发行：中国林业出版社
制作：北京美光设计制版有限公司
印刷：河北京平诚乾印刷有限公司
版次：2022 年 12 月第 1 版
印次：2022 年 12 月第 1 次
开本：889mm×1194mm　1/16
印张：8.75
字数：260 千字
定价：128.00 元